安阳市主要林业有害生物防治技术手册

苏山玉 主编

黄河水利出版社

·郑州·

图书在版编目（CIP）数据

安阳市主要林业有害生物防治技术手册／苏山玉主编．—郑州：黄河水利出版社，2019.9

ISBN 978－7－5509－2463－5

Ⅰ．①安…　Ⅱ．①苏…　Ⅲ．①森林植物－病虫害防治－安阳－技术手册　Ⅳ．①S763-62

中国版本图书馆CIP数据核字（2019）第167767号

审稿编辑：席红兵

出 版 社：黄河水利出版社

地址：河南省郑州市顺河路黄委会综合楼14层

邮政编码：450003

发行单位：黄河水利出版社

发行部电话：0371-66026940、66020550、66028024、66022620（传真）

E-mail:hhslcbs@126.com

承印单位：河南省诚和印制有限公司

开本：850 mm×1 168 mm　1/32

印张：4.5

字数：130千字　　印数：1—1 000

版次：2019年9月第1版　　印次：2019年9月第1次印刷

定价：69.00元

编辑委员会

主　编　苏山玉

副主编　陈　亮　刘晓琳

编　委（以姓氏笔画为序）

王玉峰　王合现　王玖荣　王景顺　牛金明

刘　杨　刘玉龙　安　进　安建宁　李秋生

张小会　张元臣　张玉忠　张玉晓　张馨心

董玖莉　薛瑞军

前 言

林业有害生物造成的灾害被称为“不冒烟的森林火灾”。林业有害生物防治是保护森林的战略性措施，是维系生态安全的基础性保障工作。为全面掌握林业有害生物现状，满足科学防治和生态文明建设的需要，2014～2016年，国家林业局组织开展了第三次全国林业有害生物普查工作。

按照国家林业局和河南省林业厅的统一部署，安阳市各级林业主管部门及其森防机构投入大量的人力、物力、财力完成了第三次林业有害生物普查工作。为总结这次普查成果和平时森防人员的工作，科学指导安阳市今后的林业有害生物防治工作，我们组织全市森防人员，将这次普查拍摄的原生态图片和多年来测报防治实践经验整理成书，以飨读者。

本书共涉及林业有害生物78种，图片共145余张。本书突出科学性、先进性、通俗性、实用性、可操作性，表现在三个方面：一是用于识别的照片全部是普查人员现场拍摄的原生态图片，生动自然、特征清晰、直观，还有大量现场危害状照片增加了识别的准确性；二是突出了林业有害生物在安阳市的分布、生物学特性、发生危害规律等，这些都是全市森防人员多年调查和监测的总结；三是按照林业有害生物在安阳市的发育进度，说明了主要种类不同发生期的防治方法和应注意的技术要点，防治方法体现了无公害防治技术和最新研究成果，是全市防治工作实践的总结，也参考了近年来出版的同类文献和专著，以期能够贴近实际，更好地服务基层森防工作者、护林员和广大林农等林业生产第一线的人员。

由于时间仓促，水平有限，难免有谬误之处，敬请广大专家、读者不吝赐教。

编 者

2019年4月

目 录

第一章 主要病害

1 杨树黑斑病

【寄主】杨树、柳树，在安阳地区主要为杨树。

【分布与危害】杨树黑斑病又称杨树褐斑病，在安阳地区均有分布，内黄县较多发生。国内主要分布在吉林、辽宁、安徽、陕西、河南、山东、河北、湖北、江苏、云南、新疆等地。

杨树黑斑病侵染多种杨树的叶部，致使叶面病斑累累，变黑枯死，导致提前落叶，严重削弱了树势。

【症状】该病一般发生在叶片上，发病初期首先在叶背面出现针头状凹陷发亮的小点，后病斑扩大到 1mm 左右，黑色，略隆起，叶正面也随之出现褐色斑点，5～6d 后，病斑中央出现乳白色突起的小点，以后病斑扩大连成大斑，多呈圆形，发病严重时，整个叶片变成黑色，病叶可提早脱落。

杨树黑斑病叶正面症状（董玖莉 摄）

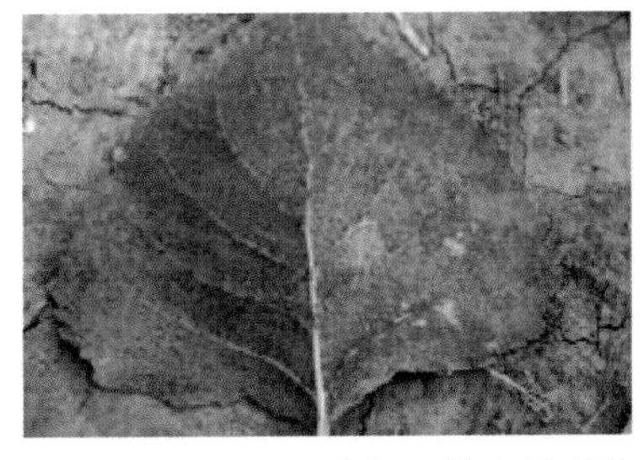

杨树黑斑病叶背面症状（董玖莉 摄）

【病原】病原菌为杨盘二孢菌 Marssonina populi（Lib.）Magn. 和褐斑盘二孢菌 M.brunnea（Ell.Et Ev.）Sacc.，属半知菌亚门腔孢纲黑盘孢目盘二孢属。

【发病规律】在安阳 5～6 月开始发病，8～9 月是发病盛期。病菌以菌丝体、分生孢子盘和分生孢子在病落叶或病枝梢中越冬，翌年春产生分生孢子作为初侵染来源。分生孢子借风、雨等传播，适宜条件下很快产生分生孢子，进行再侵染。病菌孢子萌发适温为

20～28℃。侵入后，潜育期2～8d。安阳夏末秋初如果高温高湿，则发病重。

【防治方法】（1）发病初期（5～6月）：采用70%代森锰锌或12%速保利800～1000倍液，或1∶1∶200波尔多液喷雾，10d喷1次，共喷4次。

（2）发病盛期（7～9月）：用烟雾机交替使用2.5%氟硅唑和8%百菌清热雾剂4次，间隔10d。

（3）病原越冬期（1～5月）：适地适树，合理密植，营造混交林，选择抗性树种；秋末冬初清除落叶，集中烧毁。

2 杨树白粉病

【寄主】杨树。

【分布与危害】杨树白粉病在国内分布较为广泛，在安阳地区均有分布，内黄县较多发生。

杨树受害后，叶面布满白粉，叶片褪绿变薄，有的扭曲变形，严重侵染造成提前落叶，甚至枯死。

【症状】发展初期叶片上出现褪绿色黄斑点，圆形或不规则形，逐渐扩展，其后长有白色粉状霉层（无性世代的分生孢子），严重时白色粉状物可连片，致使整个叶片呈白色。后期病斑上产生黄色至黑褐色小粒点（有性世代的闭囊壳），有的白粉层会消失。

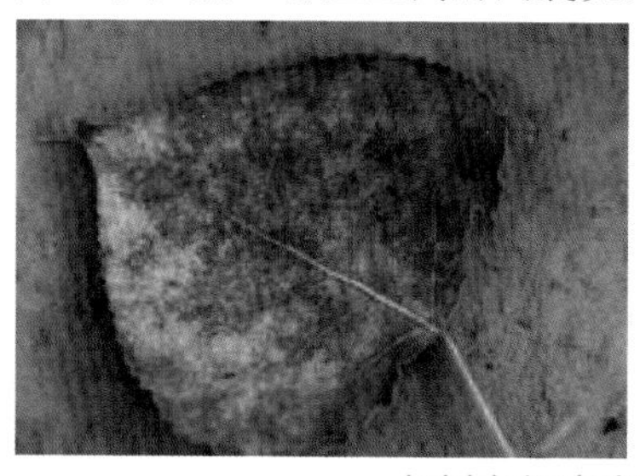

杨树白粉病症状（董玖莉 摄）

【病原】病原菌有3个属7个种2个变种，即钩状钩丝壳Uncinula adunca（Wallr.:Fr.）Lév. var. adunca、东北钩状钩丝壳U. adunca var. mandshurica Zheng&Chen、易断钩丝壳

U.fragilis Zheng&Chen、长孢钩丝壳U.longispora Zheng&Chen、小长孢钩丝壳U.longispora var.minor Zheng&Chen、假香椿钩丝壳U.pseudocedrelae Zheng&Chen、薄囊钩丝壳U.tenuitunicata Zheng&Chen、杨球针壳Phyllactinia populi（Jacz.）Yu、杨生半内生钩丝壳Pleochaeta populicola Zhang。

【发病规律】在安阳地区，病菌以子囊壳在落叶或枝条上越冬，来年杨树展叶期，子囊壳释放出子囊孢子进行初次侵染。在相对湿度85%～90%、气温10～15℃的条件下，子囊孢子很快萌发侵入寄主，1周后在叶片上出现白粉（菌丝体），菌丝体生出分生孢子梗，在整个生长季节产生大量分生孢子，多次进行再侵染，扩大病情。在春秋两季发病迅速、严重，造成提早落叶。

【防治方法】（1）发病期（4～9月）：喷洒1∶1∶100波尔多液、0.3～0.5波美度石硫合剂、50%甲基托布津800～1000倍液、15%粉锈宁可湿性粉剂300～400倍液等。

（2）越冬期（10月至翌年3月）清除林地内的落叶，剪去病梢，集中烧毁。

3 杨树斑枯病

【寄主】杨属，以毛白杨受害最重。

【分布与危害】杨树斑枯病在国内分布较多，在安阳地区均有分布。

杨树受害后，引起大量落叶，影响生长量。

【症状】该病主要危害叶片。发病初期，感病叶片正面出现褐色近圆形小斑点，直径0.5～1mm，以后扩大为多角形，中部灰白色或浅褐色，边缘深褐色，斑内轮生或散生许多小黑点，为病原菌的分生孢子器。叶背有时也可见病斑和小黑点。病斑可互相连接成大斑，致使叶变黄，干枯早落。

杨树斑枯病症状（董玖莉 摄）

【病原】病原为杨生壳针孢(Septoria populicola Peck)和杨壳针孢(S.poputi Desm.)，属半知菌亚门、腔孢纲、球壳孢目真菌。其有性型为杨生球腔菌（Mycosphaerella populicola Thomp.）和杨球腔菌(M.populi(Auersw.)Kleb.)，属子囊菌亚门腔孢纲座囊菌目。

【发病规律】病原菌以分生孢子器在病落叶内越冬。6 月中下旬，开始在苗木下部叶上发病，逐渐向上部叶片蔓延。7～9月为发病盛期，9 月老病叶开始脱落。

【防治方法】（1）发病初期（6 ～ 7 月）：适当摘除下部病老叶。

（2）发病期（7 ～ 9 月）：喷洒 1:2:200 倍波尔多液或 65% 代森锌 400 ～ 500 倍液，每半月喷一次，喷洒 2 ～ 3 次。

（3）越冬期（10 月～翌年 3 月）：清除林地内的落叶，集中烧毁。

4 青杨叶锈病

【寄主】杨属、落叶松。

【分布与危害】青杨叶锈病又叫落叶松杨锈病，是杨树锈病中分布最广、寄主种类最多、造成损失最大的一种病，几乎有杨树的地方都可见到其危害。安阳地区均有分布。

侵染后，叶局部变黄、逐渐干枯、脱落。

【症状】春天，在落叶松针叶上先出现短段褪绿斑，其上有浅黄色小点，为病原菌的性孢子器。褪绿斑下表面产生半球形橘黄色小疱，表皮破裂后露出黄粉堆，为病原菌的锈孢子器，有时几个连成一条。受病针叶局部变黄、逐渐干枯。感病杨叶背面产生半球形橘黄色小疱，为病原菌的夏孢子堆。晚夏以后，在叶面长出稍隆起的不规则斑，初为铁锈色，逐渐变为暗褐色，为病原菌的冬孢子堆。病重的叶片冬孢子堆连接成片，甚至布满整个叶面。

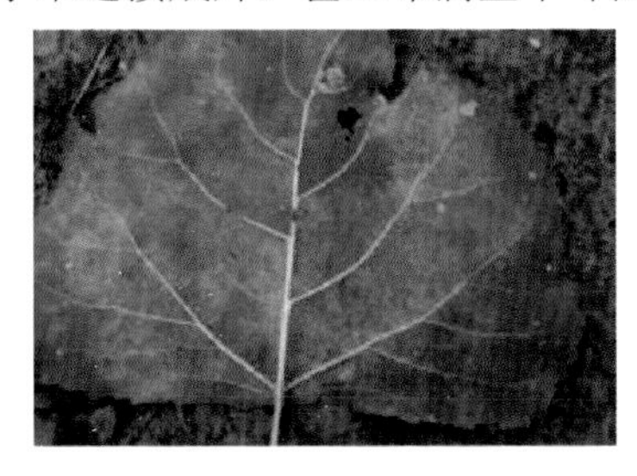

青杨叶锈病症状（董玖莉 摄）

【病原】病原为落叶松杨栅锈菌（Melampsora larici-populina Kleb.），隶属担子菌亚门冬孢菌纲锈菌目，栅锈菌属真菌。

【发病规律】落叶松杨栅锈菌属于转主寄生长循环型生活史真菌。以冬孢子在杨落叶上越冬。春天，落地病叶上的冬孢子经水浸泡，萌发产生担孢子，担孢子借风力飞于落叶松叶上，萌发后穿透表皮或从气孔侵入，产生性孢子器及锈孢子器。锈孢子借风力飞落到杨叶上，萌发从气孔侵入或穿透表皮侵入，产生夏孢子堆。夏孢子可重复产生，重复侵染，从而扩大和加重病情。晚夏以后，逐渐长出冬孢子堆。冬孢子随病叶落地越冬。多雨的年份和地区，生长密集、通风不良的潮湿环境中，病情严重。青杨派高度感病，黑杨派抗病至高度抗病，白杨派免疫。

【防治方法】要点：避免近距离混植落叶树和杨树，选用抗病品种。

发病期：喷洒波尔多液、百菌清、50%多菌灵500倍液、80%代森锌500倍液、50%托布津800倍液、70%甲基托布津1000倍液、50%退菌特500倍液、0.3波美度石硫合剂、敌锈钠200～500倍液、粉锈宁1500倍液等，对防治本病都有比较好的效果。

5 杨树煤污病

【寄主】杨属，以及柳、榆、火炬树、黄杨、月季、蔷薇等。

【分布与危害】杨树煤污病又称煤污病、黑粉病、黑煤病。在安阳地区均有分布，内黄分布较多。

该病多发生在叶片，严重时可危害叶柄、花芽、枝等，影响光合作用，导致树势衰弱。

【症状】发病初期，病部散生灰黑色疏松状小煤斑，煤斑逐渐增厚扩大，颜色逐渐加深，后期铅灰色似煤烟状物附于被害部表面，相连成片。

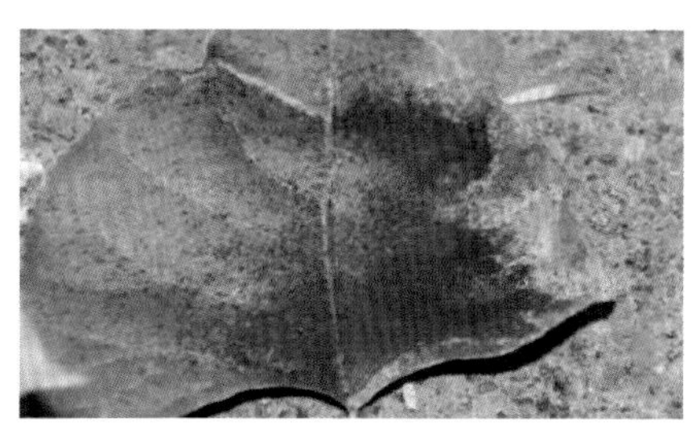

杨树煤污病症状（董玖莉 摄）

【病原】病原为无性世代表丝联球霉 *Fumago vagans* Pers.，有性世代 *Capnodium salicinum* Mont。

【发病规律】煤污病病菌以菌丝体、分生孢子、子囊孢子在病部及病落叶上越冬，为翌年的初侵染源，孢子由风雨、昆虫等传播。寄生到蚜虫、介壳虫等昆虫的分泌物及排泄物上或植物自身分泌物上或寄生在寄主上发育。高温多湿、通风不良，蚜虫、介壳虫等分泌蜜露害虫发生多，均加重发病。

【防治方法】（1）病原越冬期（12 月至翌年 2 月）：喷洒 3 ～ 5 波美度石硫合剂。

（2）春季发病盛期（3 ～ 6 月）：发生较轻时，用清水喷洒叶片或在枝干上喷刷泥浆；较重时，喷洒 25% 灭蚜威乳油 1000 ～ 1500 倍液、50% 避蚜雾可湿性粉剂 1000 ～ 1500 倍液。

（3）缓和期（7 ～ 8 月）：加强水肥管理，及时修枝，间伐透光。

（4）秋季发病盛期（9 ～ 11 月）：同春季发病盛期。

6 杨树腐烂病

【寄主】杨树、柳树及槭树、樱桃、接骨木、花椒、桑树等。

【分布与危害】杨树腐烂病又称杨树烂皮病。分布在山东、安徽、河北、河南、江苏等地，在安阳地区内黄、林州分布较多。

该病危害杨树干枝，引起皮层腐烂，导致造林失败和林木大量枯死。

【症状】（1）干腐型：主要发生于主干、大枝及分叉处。发病初期呈暗褐色水渍，略肿胀，皮层组织腐烂变软，手压有水渗出，后失水下陷，有时病部树皮龟裂，甚至变为丝状，病斑有明显的黑褐色边缘，无固定形状，病斑在粗皮树种上表现不明显。发病后期在病斑上长出许多黑色小突起，即为病菌分生孢子器。

（2）枯梢型：主要发生在苗木、幼树及大树枝条上。发病初期呈暗灰色，病部迅速扩展，环绕一周后，上部枝条枯死。此后，在枯枝上散生许多黑色小点，即为病原菌分生孢子器。在老树干及伐根上有时也发生杨树烂皮病，但症状不明显，只有当树皮裂缝中出现分生孢子角时才能发现。

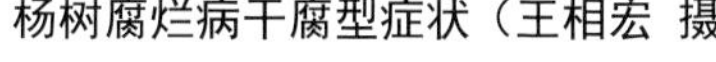

杨树腐烂病干腐型症状（王相宏 摄）

杨树腐烂病枯梢型症状（董玖莉 摄）

【病原】有性型为子囊菌亚门的污黑腐皮壳属 Valsa sordida Nit；无性型为金黄壳囊孢菌 Cytospora chrysosperm（Pers.）Fr。

【发病规律】病菌主要以子囊壳、菌丝体或分生孢子器在病部组织内越冬。分生孢子角于 4 月初出现，5 月中旬大量出现，雨后或潮湿天气情况下更多，7 月后病势逐渐缓和，8~9 月出现发病高峰，9 月后停止发展。有性世代在 6 月出现。分生孢子和子囊孢子借风、雨、昆虫等传播，多由伤口或死皮组织侵入。杨树腐烂病菌是一种弱寄生菌，只能侵染生长不良、树势衰弱的苗木和林木，通过虫伤、冻伤、机械损伤等各种伤口侵入，一般生长健壮的树不易被侵染。

【防治方法】（1）未显症期（1～3 月）：清除病死株及感病枝条，

集中烧毁。在树干距地面 1m 以下涂白、绑草把或在树干基部培土。

（2）发病初期（4 ～ 5 月）：喷涂 20% 果复康 15 倍液、70% 甲基托布津 50 倍液、石硫合剂、50% 多菌灵 100 倍液、10% 碱水等。

（3）春季发病盛期（5 ～ 6 月）：重病株及时伐除；较轻植株用小刀或刮刀将病斑刺破、刮去，再涂赤霉素或碱水。

（4）缓和期（7 ～ 8 月）：加强水肥管理。

（5）秋季发病盛期（8 ～ 9 月）：同春季发病盛期防治方法。

7 杨树溃疡病

【寄主】杨树、柳树、刺槐、核桃、苹果等。

【分布与危害】杨树溃疡病又名水泡型溃疡病，在北京、黑龙江、内蒙古、山东、湖南、宁夏、贵州等地，遍及河南全省。在安阳地区均有分布，主要分布在安阳县、汤阴县、内黄县、林州市。

该病危害树木枝干部位，严重受害的树木病疤密集连成一片，形成较大病斑，导致养分不能输送，植株逐渐死亡。

【症状】危害主干和枝梢。病斑分为水泡型和枯斑型两种类型。水泡型病斑只出现在幼树树干和光皮树种的枝干上，在皮层表面形成一个约 1cm 大小的圆形水泡，泡内充满树液，破后有褐色带腥臭味的树液流出，水泡失水干瘪后形成一个圆形稍下陷的枯斑，呈灰褐色。枯斑型病斑先是在树皮上出现数毫米大小的水浸状圆斑，呈隆起状，手压有柔软感，后干缩成微陷的圆斑，呈黑褐色。

杨树溃疡病水泡型症状（董玖莉 摄

杨树溃疡病枯斑型症状（董玖莉 摄）

【病原】有性型为子囊菌亚门的茶子葡萄座腔菌 Botryosphaeria ribis（Moug. ex Fr）Ces. &de Not.；无性型为半知菌亚门的聚生小穴壳菌 Dothiorella grearia Sacc。

【发病规律】以菌丝、分生孢子、子囊腔在老病疤上越冬，来年春孢子成熟，靠风雨传播，多由伤口和皮孔侵入，次年春还可在老伤疤处发病，分生孢子可反复侵染。皮层腐烂变黑，到春季，病斑出现黑粒——分生孢子器。后期病斑周围形成隆起愈伤组织，此时中央开裂，形成典型溃疡症状。粗皮杨树发病不呈水泡状，发病处树皮流出褐色液体。秋季老病斑出现粗黑点为病菌有性阶段。一般 3 月下旬开始发病，4 月中旬至 5 月上旬为发病盛期，5 月中旬后病害逐渐缓慢，至 6 月初基本停止，10 月病虫害又有发展。

【防治方法】（1）未显症期（1 ～ 3 月）：清除病死株及感病枝条，集中烧毁。秋末或春初在树干距地面 1m 以下涂白，0.5 波美度石硫合剂或 1 ∶ 1 ∶ 160 波尔多液。

（2）发病初期（4 ～ 5 月）：用 50% 多菌灵可湿性粉剂 500 倍液、75% 百菌清可湿性粉剂 800 倍液、50% 福美双 +80% 炭疽福美可湿性粉剂 1500 ～ 2000 倍混合液喷涂感病树干。

（3）春季发病盛期（5 ～ 6 月）：发病高峰期前，用 1% 溃腐灵 50 ～ 80 倍液涂抹病斑或用注射器直接注射在病斑处，或用 70% 甲基托布津 100 倍液、50% 多菌灵 100 倍液、50% 退菌特 100 倍液、20% 农抗 120 水剂 10 倍液、菌素清 80 倍液喷洒主干和大枝。

（4）缓和期（7 ～ 8 月）：加强水肥管理。

（5）秋季发病盛期（8 ～ 9 月）：同春季发病盛期防治方法。

8 杨树破腹病

【寄主】杨树、柳树、苹果等多种树木。

【分布与危害】杨树破腹病主要分布在河北、北京、内蒙古、吉林、河南、新疆等地，在安阳主要分布在内黄县。

该病主要危害树干，也可危害主枝。常自树干平滑处及皮孔处开裂，裂缝可深达木质部。可诱发烂皮病、白腐病、红心病，严重影响生长。

【症状】病害树主干基部或离地面几十厘米以上树皮腐烂，造成沿树干纵裂。受害轻的边缘能够愈合，形成长条裂缝，树木不会死亡；受害严重的从裂缝开始，两边树皮坏死、腐烂，韧皮部变黑，当烂皮环绕树干近一周时，树木生长逐渐衰退、枯死。

杨树破腹病症状（董玖莉 摄）

【发病规律】晚秋和早春天气骤然变冷变暖，昼夜温差大时易发病。常发生在树干西南面、南面。秋季土壤水分过多，树木生长过快，木质部含水量高时易发生。在同一林分或行道树，裂缝常发生在同一方位。受害程度还与品种的抗性和立地条件有关，一般生长健康的本地树种受害较轻。

【防治方法】（1）休眠期（10月至翌年3月）：在树干1.5～2.0m高以下涂白或用草包裹，林地及时排水，防止积水。

（2）萌动期（4～5月）：涂抹多菌灵或甲基托布津200倍液，涂药5d后，再用50～100倍赤霉素涂于病斑周围。

9 杨根癌病

【寄主】杨树。

【分布与危害】杨树根癌病又称杨冠瘿病。主要分布在河北、辽宁、吉林、山东、山西、河南、福建等地，以河北、山西、河南最重，在安阳主要分布在安阳县。

该病主要发生在主根、侧根、主干、枝条上，受害处形成大小不等、形状各异的瘤。当瘤环树干一周、表皮龟裂变褐色时，植株上部死亡。

【症状】发病初期病部出现瘤状物。幼瘤呈灰白色或肉色，质地柔软，表面光滑，以后瘤渐增大，质地变硬，呈褐色或黑褐色，表面粗糙并龟裂，瘤的内部组织紊乱，后期肿瘤开放式破裂，坏死，不能愈合。肿瘤大小不等，数量不定。

杨根癌病症状（安建宁 摄）

【病原】病原为薄壁菌门中的根癌土壤杆菌 *Agrobacterium tumefaciens*(Smith et Towns)Conn.。

【发病规律】病原菌在病瘤、土壤或土壤中的寄主残体内越冬，存活1年以上。2年内得不到侵染机会即失去生活力。病菌由伤口侵入，经过数周或1年以上出现症状。病菌靠灌溉水、雨水、地下害虫等传播，远距离靠苗木调运。沙壤土偏碱性且湿度大利于发病，而酸性、黏重的土壤不利于发病。连作苗发病重。苗木根部伤口多利于发病。

【防治方法】（1）发病期（4～9月）：①生物防治，用卫生防菌剂K84的菌悬液浸林木的插条或根，然后栽植，可抑制病菌生长；②及时清除被感染的植株；③栽植前用（500～2000）$\times 10^{-6}$的链霉素液浸泡根30min，或1%硫酸铜溶液浸根5min，用水洗干净，然后栽植。

（2）越冬期（10月～翌年3月）：①选择无病区建立苗圃，或至少轮作3年以上；②注意苗圃地卫生，用健康苗木进行嫁接，嫁接刀要在高锰酸钾或酒精中消毒；③育苗前对苗床用氯化苦熏蒸消毒。

10 泡桐丛枝病

【寄主】泡桐。

【分布与危害】分布于河北、山东、河南、陕西、安徽、湖南、湖北、江苏、浙江等泡桐栽植地区，在安阳地区均有分布。

该病是泡桐生长过程中最严重的病害之一，危害泡桐的树枝、干、根、花、果等，感病的幼苗、幼枝常于当年枯死；大树感病后常引起树势衰弱，材积量下降，甚至死亡。

【症状】（1）丛枝型：发病开始时，个别枝条上大量萌发腋芽和不定芽，抽生很多的小枝，小枝上又抽生小枝，抽生的小枝细弱，节间变短，叶序混乱，病叶黄化，至秋季簇生成团，呈扫帚状，冬季小枝不脱落，发病的当年或第二年小枝枯死，若大部分枝条枯死则会引起全株枯死。

（2）花变枝叶型：花瓣变成小叶状，花蕊形成小枝，小枝腋芽继续抽生形成丛枝，花萼明显变薄，色淡无毛，花托分裂，花蕾变形，有越冬开花现象。

常见为丛枝型：隐芽大量萌发，侧枝丛生、纤弱，形成扫帚状，叶片小，黄化，有时皱缩，幼苗感病则植株矮化。1 年生苗木发病，表现为全株叶片皱缩，边缘下卷，叶色发黄，叶腋处丛生小枝，发病苗木当年即枯死。

泡桐丛枝病症状（董玖莉 摄）

【病原】植原体 phytoplasma，圆形或椭圆形，直径 0.2～0.82μm。

【发病规律】病原体大量存在于韧皮部输导组织筛管中，通过筛板移动，能扩及整个植株。病原菌侵入寄主后潜伏期较长，一般可达 2 ～ 18 个月。可通过病根及嫁接苗传播，亦可通过昆虫介体传播，带病的种根和苗木的调运是病害远程传播的重要途径。

【防治方法】（1）未显症期（1 ～ 5 月）：清除病树病枝并集中销毁。

（2）发病初期（6 ～ 9 月）：防治刺吸式害虫，加强管理，用 25 万单位的盐酸四环素或土霉素药液以注射法、吸根法及叶面喷施进行药物防治。

（3）缓和期（10 ～ 12 月）：秋季修除病枝，集中销毁。

11 白蜡褐斑病

【寄主】白蜡树。

【分布与危害】白蜡褐斑病主要分布于河南许昌、商丘等地，安阳的内黄县也有分布。

该病主要危害白蜡苗木和幼树，引起早期落叶，影响生长量。

【症状】叶片正面，散生多角形或近圆形褐斑，斑中央灰褐色，直径 1 ～ 2mm，大病斑达 5 ～ 8mm。斑正面布满褐色霉点，即病菌的子实体。

白蜡褐斑病症状（董玖莉 摄）

【病原】病原菌为白蜡尾孢菌 Cercospora fraxinites Ell.et Ev.，属丛梗孢目、尾孢菌属。

【发病规律】病菌在冬季潜伏，6 ～ 7 月易暴发。

【防治方法】（1）秋冬季：清扫枯枝落叶，减少越冬病原菌；

（2）发病期（6 ～ 7 月）：喷洒 1:2:200 倍波尔多液或 65% 代森锌可湿性粉剂 600 倍液 2 ～ 3 次，防病效果良好。

12 核桃腐烂病

【寄主】核桃。

【分布与危害】核桃腐烂病又名烂皮病、黑水病，主要分布在核桃栽植区，在安阳的安阳县和林州市分布较多。

该病主要危害树干的树皮，导致枝条干枯，甚至死亡。

【症状】核桃腐烂病是一种真菌病害，主要危害枝干的皮层，初期病斑呈梭形，暗灰色，水浸状，微隆起，用手按流出带泡沫的液体，嗅之有酒糟味。后期病斑失水凹陷，表面生出许多黑色疣状物，从黑色疣状物上长出金黄色卷曲的细丝。当病斑扩大，皮层纵深开裂，流出黏稠状的黑水糊在树干上，干后发亮，好像刷了一层黑漆。病斑上部枝条逐渐枯死。

核桃腐烂病症状（牛金明 摄）

【病原】病原菌为胡桃壳囊孢 *Cytcospora juglandicola*。

【发病规律】核桃腐烂病菌是一种寄生性很弱的兼性寄生菌，以菌丝体和分生孢子器在枝干病部越冬，来年环境条件适宜时，产生分生孢子，借风雨、昆虫等传播，从冻伤、机械伤、剪锯口、嫁接口等处侵入。以菌丝体及繁殖体潜伏在寄主侵染点内。当树势减弱、树冠郁闭、树体抵抗力低时开始发病。据调查，从 4 月上旬开始发病，4

月下旬至5月中旬病斑扩展最快。核桃园管理粗放，土层瘠薄，土质黏重，地下水位高，排水不良，肥料不足，以及遭受冻害等因素，均会引起树势衰弱，发病严重。

【防治方法】（1）发病前：用0.5波美度石硫合剂稀释喷洒。

（2）发病期：轻微发病时，用靓果安按800倍液稀释喷洒，10～15d用药一次；病情严重时，靓果安按500倍液稀释，7～10d喷施一次。

（3）缓和期：可刮治病斑，一般早春进行，也可在生长季节发现病斑随时刮治；刮后涂抹伤口；冬季日照较长的地区，冬前先刮病斑，然后涂刷白涂剂，预防树干受冻。

13 核桃溃疡病

【寄主】核桃。

【分布与危害】核桃溃疡病主要分布于河南、河北、山西、山东、江苏、陕西、安徽等地，在安阳主要分布于林州市。

该病轻者影响核桃树的生长结实，重的全株干枯而死，是林州市核桃产区今后重点防范的病害之一。

【症状】病害多发生于幼树和大树干部和主枝。初期在树皮表面出现近圆形的褐色病斑，以后扩大成长椭圆形或长条形，形成水泡斑，并有褐色黏液渗出，病斑干缩后下陷，中部开裂，并散生许多小黑点，即病菌分生孢子器。潮湿时小黑点上溢出乳白色分生孢子角。

核桃溃疡病症状（王相宏 摄）

【病原】病原菌的无性型为Dothiorella gregaria Sacc.，称小穴壳菌；有性世代为子囊菌亚门葡萄座腔菌Botryosphaeria dothidea（Moug.ex Fr.）Ces.et de Not.。

【发病规律】病菌主要以菌丝状在病树皮内越冬，翌年4月上旬，当气温为11.4～15.3℃时，菌丝开始生长。5月下旬以后，气温升至28℃左右，分生孢子大量形成，借风雨传播，多从伤口侵入，5～6月进入高发期，6月下旬以后，气温升高到30℃以上时，病害基本停止蔓延，入秋后又有1次高发期，但不如春季严重，至10月止。

管理粗放、土壤肥力跟不上、地下水位高、发病重。绵核桃发病重，新疆品种感病较轻。

【防治方法】（1）发病盛期（4～6月、8～10月）：发现病斑，刮除病斑及时涂抹3～5波美度石硫合剂，或10%碱水、5%菌毒清水剂40倍液，或1%硫酸铜液50倍，灭菌消毒；发病初期喷一次50%乙基托布津可湿性粉剂200倍液，或30%戊唑·多菌灵悬浮剂1100倍液。

（2）病原越冬期（11月至翌年3月）：选育抗病品种；改良土壤，合理修剪，清除病虫枝；树干和主枝基部刷涂白剂。

14 核桃炭疽病

【寄主】核桃。

【分布与危害】核桃炭疽病主要分布于陕西、河北、河南、山东、新疆等地，在安阳主要分布于林州市。

该病主要危害果实，病果早落或核桃仁不饱满，发病严重时造成减产。

【症状】主要危害核桃、核桃楸的果实，亦危害叶、芽、嫩枝。苗木及大树均可受害。果实受害后，病斑初为黑褐色，近圆形，后变为黑色凹陷，由小逐渐扩大为近圆形或不规则形，于中央产生许多褐色至黑色小点，多呈同心轮纹状排列，为病菌的分生孢子盘，天气潮湿时涌出粉红色的分生孢子团。发病条件适宜时，直径3mm的小病斑即可产生分生孢子盘和分生孢子，随后变成粉红色的小突起，一个病果上可达 10 多个病斑，病斑扩大成片后，整个果实变暗褐色，最后腐烂、变黑、发臭，果仁干瘪。叶片感病后发生黄色不规则病斑，在叶脉两侧呈长条状枯斑，在叶缘发病约 1cm 宽的枯黄色病斑。严重时全叶变黄，造成早期落叶。苗木和嫩枝、芽感病后，常从顶端向下枯萎，叶片焦枯脱落。

核桃炭疽病症状（王相宏 摄）

【病原】病原菌为胶孢炭疽菌 Colletotrichumgloeosporioides Penz.。

【发病规律】病原菌以菌丝体在病果、病叶、病枝和芽鳞中越冬，来年 4 ～ 5 月形成分生孢子，借风雨及昆虫传播，从伤口和自然孔口侵入，潜育期 4 ～ 9d。各地发病时期不同，安阳多在 6 月下旬或 7 月发病，每年发病早晚和发病轻重与雨水大小、降雨早晚关系密切。通常降雨早，降水多，空气湿度大，发病早而重且蔓延快；干旱少雨年份发病则轻。核桃园和苹果园距离近时发病也重。

【防治方法】（1）病原越冬期（11 月至翌年 3 月）：选育抗病品种；改良土壤，合理修剪，清除病虫枝，集中烧毁；喷洒 3 ～ 5 波美度石硫合剂，消除越冬病菌。

（2）展叶期和 6 ～ 7 月：喷洒 1 ∶ 0.5:200 波尔多液。

（3）发病期（5 ～ 6 月）：喷洒 50% 甲基托布津可湿性粉剂 1000 ～ 1500 倍液或 40% 退菌特可湿性粉剂 800 倍液，并与 1 ∶ 2 ∶ 200 波尔多液交替使用。

15 苹果炭疽病

【寄主】苹果。

【分布与危害】苹果炭疽病又称苦腐病、晚腐病，主要分布于我国北方苹果产区，在安阳主要分布于内黄县。

该病主要危害果实，也可危害枝条和果台，严重时全果腐烂、脱落，造成严重减产。

【症状】初期果面上出现淡褐色小圆斑，迅速扩大，呈褐色或深褐色，表面下陷，果肉腐烂呈漏斗形，可烂至果心，具苦味，与好果肉界限明显。当病斑扩大至直径 1 ～ 2cm 时，表面形成小粒点，后变黑色，即病菌的分生孢子盘，呈同心轮纹状排列。几个病斑连在一起，使全果腐烂、脱落。有的病果失水成黑色僵果挂在树上，经冬不落。在温暖条件下，病菌可在衰弱或有伤的 1 ～ 2 年生枝上形成溃疡斑，多为不规则形，逐渐扩大，到后期病表皮龟裂，致使木质部外露，病斑表面也产生黑色小粒点。病部以上枝条干枯。果台受害自上而下蔓延呈深褐色，致果台抽不出副梢干枯死亡。

苹果炭疽病症状（董玖莉 摄）

【病原】病原菌有性态为小丛壳菌 Glomerella cingulata（Stonem.），无性态为胶孢炭疽菌 Colletotrichumgloeosporioides Penz.。

【发病规律】病菌以菌丝体、分生孢子盘在枯枝溃疡部、病果及僵果上越冬，也可在梨、葡萄、枣、核桃、刺槐等寄主上越冬。翌春产生分生孢子，借风雨或昆虫传到果实上。分生孢子萌发通过角质层或皮孔、伤口侵入果肉，进行初次侵染。果实发病以后产生大量分生孢子进行再次侵染，生长季节不断出现的新病果是病菌反复侵染和病害蔓延的重要来源。该病有明显的发病中心，即果园内有中心病株，树上有中心病果。病菌自幼果期到成熟期均可侵染果实。一般 6 月初发病，7 ～ 8 月为盛期，随着果实的成熟，皮孔木栓化程度提高，侵染减少。

【防治方法】（1）病原越冬期：清除残枝、枯枝，并销毁。

（2）发病前期：喷洒杀菌剂，果实套袋。

（3）发病期：及时清除病株残体、病果、病叶、病枝等。

16 苹果白粉病

【寄主】苹果、梨、沙果等。

【分布与危害】苹果白粉病主要分布于我国北方苹果产区，在安阳主要分布于林州。

该病主要为害实生嫩苗，大树芽、梢、嫩叶，也为害花及幼果。

【症状】植株被侵染后，病部满布白粉。幼苗被害，叶片及嫩茎上产生灰白色斑块，发病严重时，叶片萎缩、卷曲、变褐、枯死，后期病部长出密集的小黑点。大树被害，芽干瘪尖瘦，春季发芽晚，节间短，病叶狭长，质硬而脆，叶缘上卷，直立不伸展，新梢满覆白粉。生长期，健叶被害则凹凸不平，叶绿素浓淡不匀，病叶皱缩扭曲，甚至枯死。花芽被害则花变形、花瓣狭长、萎缩。幼果被害，果顶产生白粉斑，后形成锈斑。

苹果白粉病症状（王相宏 摄）

【病原】病原菌为白叉丝单囊壳Podosphaera leucotricha(EII. et Ev.) Salm.。

【发病规律】苹果白粉病以菌丝在冬芽鳞片间或鳞片内越冬。翌年春季冬芽萌发时，越冬菌丝产生分生孢子，孢子靠气流传播，直接侵入新梢。病菌可侵入嫩芽、嫩叶和幼果等部位，侵染主要发生在花后1个月内，因此5月为发病盛期，通常受害最重的是病芽抽出新梢。生长季中病菌陆续传播侵害叶片和新梢，病梢上产生有性世代，子囊壳放出子囊孢子再侵染。秋季秋梢产生幼嫩组织时，病梢上的孢子侵入秋梢嫩芽，形成二次发病高峰。10月以后很少侵染。春暖干旱的年份有利于病害前期流行。

【防治方法】（1）越冬期（11月～翌年3月）：要重视冬季和早春连续、彻底剪病梢，减少越冬病原。

（2）萌芽期：喷3波美度石硫合剂。

（3）花前花后：开花前树上喷波美0.5度石硫合剂或50%硫悬浮剂150倍液；花后或发病重时连喷2次25%粉锈宁1500倍液。

17 桃树流胶病

【寄主】桃树。

【分布与危害】桃树侵染性流胶病又称疣皮病、瘤皮病。主要分布于河南、甘肃、河北、山东、江苏、广东、福建、贵州等地。安阳地区均有分布。

该病主要危害枝干、主干与主枝椏杈处、小枝条，果实也可被侵害，引起流胶，造成茎枝“疙斑”累累，树势衰弱，产量锐减，品质下降，严重时枝干枯死，甚至整株死亡。

【症状】（1）侵染性流胶病：一年生枝条染病常出现以皮孔为中心的瘤状突起，其上散生针尖大小黑色粒点，即为分生孢子器。第二年5月上旬，病斑扩大，瘤状突起开裂，流褐色透明胶质，逐渐堆积后形成茶褐色硬质胶块。被害枝条表面粗糙变黑，形成直径4～10mm的圆形或不规则形病斑，其上散生小黑点。多年生枝干受害，产生水泡状隆起，直径1～2mm，并有树胶流出。严重者病部反复流胶，皮层和木质部变褐坏死，形成溃疡，死皮层组织中散生小黑粒点，易被腐生菌侵染。

（2）非侵染性流胶病：病害初期发病部位肿胀，后期病部分泌半透明的树胶，与空气接触后逐渐变为褐色，干燥后为红褐色至茶褐色的硬质胶块。随着流胶量增加，发病部位皮层及木质部逐渐变褐、腐朽。发病后期流胶处呈干腐状，树势衰弱，枝条干枯甚至整株死亡。

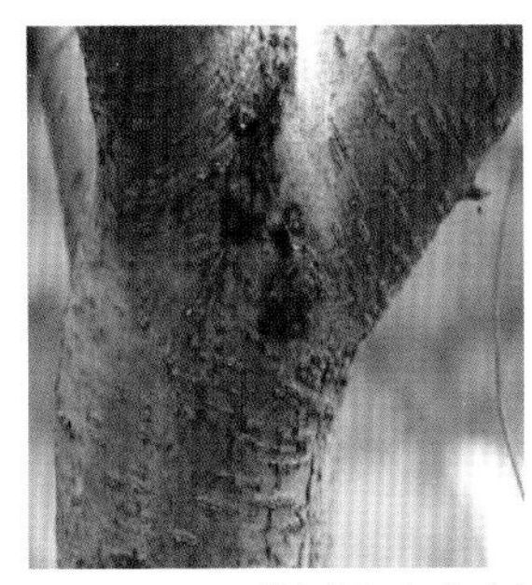

桃树流胶病症状（董玖莉 摄）

【病原】侵染性流胶病：Botryosphaeria dothidea（Moug.）CesetDeNot. 称葡萄座腔菌，属真菌界子囊菌门。无性型为 Dothiorella gregaria Sacc. 称小穴壳菌，属真菌界无性型真菌。两态可以同时存在。

【发病规律】以菌丝体和分生孢子器在被害枝条里越冬，翌年 3 月下旬至 4 月中旬弹射出分生孢子，通过风雨传播。病菌从皮孔、伤口及侧芽侵入，进行初侵染。枝干内潜伏的病菌活动与温度有关，当气温达 15℃左右，病部即可渗出胶液；随着气温上升，病情加重。一般直立枝条基部受害重，侧生的枝条向地表的一面重，枝干分叉处、易积水的地方受害重，黄桃系较白桃系易感病。

在安阳一年有 2 个发病高峰期，分别是 5 月中旬至 6 月中旬、8 月上旬至 9 月上旬。生理性流胶病一般在雨季，特别是长期干旱后降暴雨，发生严重；管理粗放，蛴象危害的发生重。经观察，在安阳，桃树新梢速长期和果实成熟期是该病的两个危险盛期。

【防治方法】（1）越冬期（10 月至翌年 2 月）：清除初侵染源，结合冬剪，彻底清除被害枝条，桃树萌芽前，用 80% 乙蒜素乳油 100

倍液涂刷病斑，杀灭越冬病菌；加强桃园管理，增施有机肥和磷、钾肥，合理修剪，防止积水，增强树势；

（2）发病初期（3～4月）：开春后、树液开始流动时浇灌50%多菌灵可湿性粉剂300倍液，每株100～200g；刮除病斑，开花前刮去胶块，后用80%乙蒜素乳油100倍液涂抹，或用21%过氧乙酸水剂3～5倍液涂抹。

（3）发病期（5～9月）：药剂防治，喷洒30%戊唑·多菌灵悬浮剂1000倍液，或21%过氧乙酸水剂1200倍液，或50%甲基·硫悬浮剂800倍液，或2%春雷霉素水剂800倍液等；防治枝干上的害虫，尤其是蚜虫和食心虫、天牛、蚧壳虫等，预防虫伤。

18 梨黑星病

【寄主】梨。

【分布与危害】梨黑星病又叫疮痂病，我国梨产区均有分布，在安阳主要分布于内黄县。

梨黑星病主要危害果实和叶片。

【症状】能危害所有幼嫩的绿色组织，以果实和叶片为主。果实发病，病部稍凹陷，木栓化，坚硬并龟裂，长黑霉。幼果受害为畸形果，成长期果实发病不畸形，但有木栓化的黑星斑。叶片受害，沿叶脉扩展形成黑霉斑，严重时，整个叶片布满黑色霉层。叶柄、果梗症状相似，出现黑色椭圆形的凹陷斑，病部覆盖黑霉，缢缩，失水干枯，致叶片或果实早落。

梨黑星病症状（董玖莉 摄）

【病原】病原菌无性态为梨黑腥孢菌 Fusicladium virecens Bon，有性态为子囊菌亚门梨黑腥菌 Venturia pirina Ader.。

【发病规律】以分生孢子或菌丝体在腋芽的鳞片内越冬，也能以菌丝体在枝梢病部越冬，或以分生孢子、菌丝体及未成熟的子囊壳在落叶上越冬。翌春形成子囊壳，产生子囊孢子，作初侵染源。越冬孢子经风雨传播，直接侵入，潜育 14 ～ 25d 发病，生长季节形成分生孢子，不断再侵染。一般 3 月下旬开始发病，5 ～ 6 月为盛发期。该病的发生与降雨关系很大，雨水多的年份和地区发病重。

【防治方法】（1）越冬期（11 月至翌年 3 月）：病菌主要集中于病叶、病芽上越冬。为此，秋冬季清除残枝落叶后喷渗透性强的杀菌剂，清除病源。

（2）萌芽期和花前花后：喷 1 ～ 3 波美度石硫合剂进行保护。

（3）发病期：喷洒治疗型兼保护型药剂，如 25% 福星乳油 6000 ～ 8000 倍液、10% 世高水分散粒剂 5000 ～ 8000 倍液。

19 柿角斑病

【寄主】柿树、君迁子。

【分布与危害】柿角斑病，我国柿产区普遍发生，在安阳主要分布于内黄县、林州市。

柿角斑病引起早期落叶，使柿果变软早落，造成严重损失。

【症状】危害叶片和柿蒂。叶正面出现不规则黄绿色病斑，后发展为多角形，中间黑褐色，边缘黑色，斑内密生黑色小粒点，为病菌的子座，叶背面斑色较淡。柿蒂四角有不规则黑褐色斑，背面有黑色小粒点，可引起落果。

柿角斑病症状（董玖莉 摄）

【病原】 病原菌为柿尾孢菌 Cercospora kaki ELL. et Ev.。

【发病规律】 病原菌以菌丝体在病叶和病蒂内越冬。树上残留的病蒂为主要菌源。次年6、7月间，产生分生孢子，进行初侵染和再侵染，孢子由风雨传播，经气孔侵入，潜育期30d左右。一般在8月左右开始发病，9月大量落叶。6～8月多雨，弱树和苗木过密，则发病重，10月初叶即落光，造成软柿和早落。

【防治方法】（1）越冬期（11月至翌年3月）：清除病蒂和落叶烧毁。

（2）发病前期：喷1～3波美度石硫合剂。

（3）发病期：喷洒1～2次1:3:300波尔多液或65%代森锌600倍液。

20 枣缩果病

【寄主】 枣树。

【分布与危害】 枣缩果病又名枣萎蔫果病、枣雾蔫病、束腰病、雾抄、雾掠、烧茄子病，国内分布于河南、山东、河北、山西、陕西、甘肃、河北、安徽、宁夏、新疆、辽宁等地，安阳主要分布在内黄县。

枣缩果病是安阳枣区果实主要病害之一。

【症状】 果实感病后逐渐萎缩，从直观上看有晕环、水渍、着色、萎缩、脱落5个时期。发病初期果皮上出现浅黄色晕环病斑，环内略凹陷，后变暗红色，病果逐渐干缩，果腰变细，故称缩果病。果肉变褐坏死，有苦味。果柄受害后，暗黄色，形成离层，早落果。

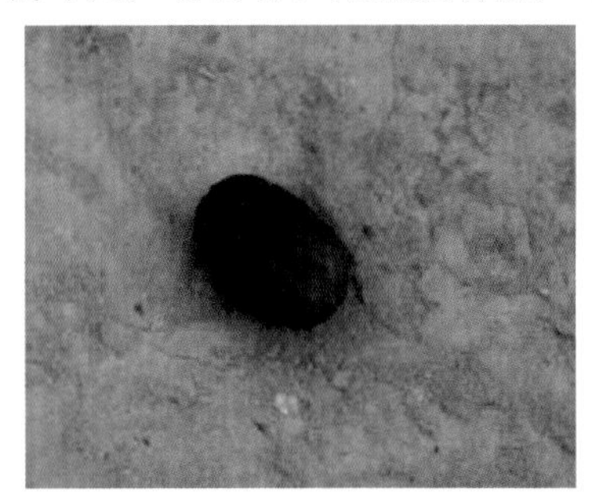

枣缩果病症状（董玖莉 摄）

【病原】病原不一，有人认为是枣欧氏杆菌 Erwinia jujubovra Wang.Cai.Feng et Gao。现在认为是真菌和枣生长后期发病条件持续时间长引起的。

【发病规律】病原菌主要通过风雨作用使果面摩擦而造成伤口或虫果伤口侵染。安阳地区一般是 6 月底至 7 月上旬开始发病，8 月上旬发病逐渐增强，8 月中下旬进入高峰期，还可对挂果较晚的果实造成危害。在红圈期和着色期，是该病的发生盛期，特别是阴雨连绵或夜雨昼晴的天气，最易暴发流行成灾。

【防治方法】（1）越冬期（10 月至翌年 5 月）：秋末冬初彻底清除枣园的病烂果，集中烧毁。大龄枣树发芽前刮除老树皮烧毁；选育抗病品种；增施有机肥和磷钾肥，少施氮肥，通风透光，雨后及时排水。

（2）发病期（6 ～ 9 月）：及时防治枣树害虫，杀死传病昆虫。8 ～ 9 月结合杀虫，施用氯氰菊酯与烯唑醇混和喷雾；药剂防治，喷洒 50% 多菌灵悬浮剂 600 倍液，或 50% 甲基硫菌灵悬浮剂 800 倍液等，可与杀虫剂混合喷洒。喷洒枣丰宝等生理调节剂和 70% 甲基托布津、50% 退菌特、2% 春雷霉素等杀菌剂以及黄腐酸盐与杀菌剂组合等处理。

21 枣疯病

【寄主】枣树。

【分布与危害】枣疯病又名丛枝病、扫帚病、火龙病，国内枣产区均有分布，安阳主要发生在内黄县。

枣疯病轻则导致不结果，重则死枝死树，甚至全园毁灭。

【症状】枣疯病是一种系统侵害性病害，其表现症状因发病部位不同而异。①丛枝，发病枝条的顶芽和腋芽大量萌发成枝，其上的芽又萌发小枝而成丛生枝。丛生枝条纤细、节间短、叶片小，黄绿色，呈扫帚状。病枝秋季干枯，冬季不易脱落。②花叶，不常见，多发生在嫩枝顶端，叶片呈现不规则的块状，出现叶面透明状及黄化。③花变叶，花发病时花器退化，花萼变成叶片，花瓣、雄蕊有时变成小叶片，花器返祖。④病果，病株上的健枝仍可结果，病果大小不一，着色不匀，果肉松软，不能食用。⑤枣吊变态，发病枣吊先端延长，延长部分叶片小，有明脉。⑥病根，主根由于不定芽的大量萌发，长出一丛丛的小根。后期病根皮层腐烂，严重者全株死亡。

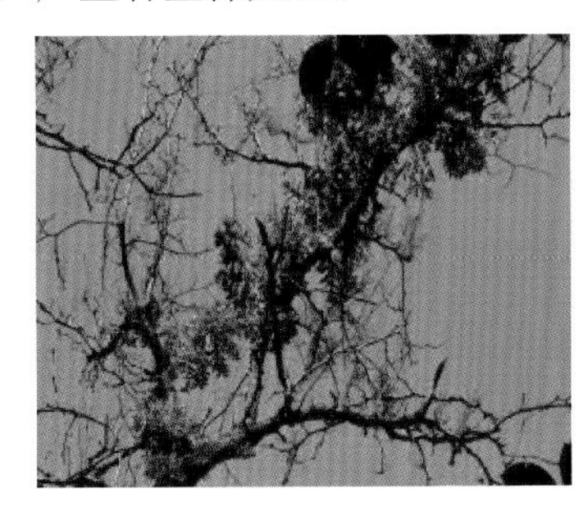

枣疯病症状（董玖莉 摄）

【病原】病原为植原体（类菌原体）Phytoplasma sp.。

【发病规律】植原体存在寄主植物韧皮部筛管内，能蔓延到全株各部位。通过各种嫁接方式传染，也通过中国拟菱纹叶蝉等昆虫传播。侵入后，病原体潜育期25～382d，上半年接种感染者当年就可以发病，下半年接种感染者则翌年发病。气候干旱、营养不良和管理不善者发病重。

【防治方法】（1）越冬期（10 月至翌年 3 月）：选用抗病品种；在无病区采摘接穗，用无病接穗进行嫁接；对于带病接穗，用 1000 mg / kg盐酸四环素液浸泡半小时可消毒灭病；铲除病树，防止传染，苗圃一旦发现病苗，立即拔除。

（2）发病期（4 ～ 9 月）：加强枣树管理，增施有机肥、碱性肥。药剂防治传病昆虫，喷洒 25% 吡蚜酮可湿性粉剂 2000 倍液，或 25% 噻嗪酮悬浮剂 100 倍液等；春季树液流动前在主干中、下部环剥宽 3 cm树皮；灌药灭菌，4 月、8 月在病枝同侧树干钻 2 ～ 3 个孔，深达木质部，将薄荷水 50g、龙骨粉 100g、铜绿 50g 研成细粉，混匀后用纸筒倒入孔内，每孔 3g，再用木楔钉紧，用泥封闭，杀灭病体。

22 葡萄霜霉病

【寄主】葡萄。

【分布与危害】各葡萄产区均有分布，安阳主要发生在内黄县。

葡萄霜霉病发病严重时，叶片焦枯早落，新梢生长不良，果实产量降低、品质变劣，植株抗寒性差。

【症状】葡萄霜霉病主要危害叶片，也能侵染新梢幼果等幼嫩组织。叶片被害，初生淡黄色、水渍状、边缘不清晰的小斑点，以后逐渐扩大为褐色、不规则形或多角形病斑，数斑相连变成不规则形大斑。天气潮湿时，于病斑背面产生白色霜霉状物，即病菌的孢囊梗和孢子囊。发病严重时病叶早枯早落。嫩梢受害，形成水渍状斑点，后变为褐色略凹陷的病斑，潮湿时病斑也产生白色霜霉。病重时，新梢扭曲，生长停止，甚至枯死。卷须、穗轴、叶柄有时也能被害，其症状与嫩梢相似。幼果被害，病部褪色，变硬下陷，上生白色霜霉，很易萎缩脱落。果粒半大时受害，病部褐色至暗色，软腐早落。果实着色后不再侵染。

葡萄霜霉病症状（董玖莉 摄）

【病原】病原为葡萄霜霉菌 Plasmopara viticola（Berk.dt Curtis）Berl.Et de Toni。

【发病规律】葡萄霜霉病菌以卵孢子在病组织中越冬，或随病叶残留于土壤中越冬。次年在适宜条件下，卵孢子萌发产生芽孢囊，再由芽孢囊产生游动孢子，借风雨传播，自叶背气孔侵入，进行初次侵染。经过 7 ～ 12d 的潜育期，在病部产生孢囊梗及孢子囊，孢子萌发产生游动孢子进行再次侵染。孢子囊萌发适宜温度为 10 ～ 15℃。游动孢子萌发的适宜温度为 18 ～ 24℃。秋季低温，多雨多露，易引起病害流行。果园地势低洼、架面通风不良、树势衰弱，有利于病害发生。

【防治方法】（1）越冬期：秋季彻底清扫果园，剪除病梢，收集病叶，集中深埋或烧毁；发芽前地面、植株细致喷布 3 ～ 5 波美度石硫合剂或 100 倍五氯酚钠药液，铲除设施内的病原菌。

（2）发病期：使用霜贝尔 50mL+ 大蒜油 15mL，兑水 15kg 全株喷雾，5d 一次，连用 2 ～ 3 次；使用奥力克霜贝尔 50mL+ 靓果安 50mL+ 大蒜油 15mL，兑水 15kg 喷雾，3d 一次，连用 2 ～ 3 次即可。

第二章　主要虫害

第一节　食叶害虫

1 美国白蛾

【分类地位】美国白蛾 Hyphantria cunea（Drury）属鳞翅目灯蛾科白蛾属。

【寄主】杂食性，寄主植物非常广泛，有果树、行道树、观赏树木和蔬菜等多达 49 科 108 属 300 多种植物；在安阳主要以杨树、白蜡、法桐、椿树、榆树为寄主。

【分布与危害】分布于北京市、天津市、河北省、内蒙古自治区、辽宁省、吉林省、安徽省、江苏省、山东省、河南省；河南省内主要分布在郑州市、开封市、安阳市、新乡市、濮阳市、许昌市、商丘市、周口市、驻马店市、信阳市。在安阳主要分布在安阳县、内黄县、汤阴县、龙安区、北关区、文峰区。

口器为刺吸式口器，以幼虫取食叶片危害，初孵幼虫有吐丝结网、群居危害的习性，每株树上多达几百只、上千只幼虫危害，常将整株叶片或成片树叶食光，整个树冠全部被网幕笼罩，严重影响树木生长和绿化景观。它是外来入侵物种，我国林业检疫性有害生物。

【形态特征】

成虫　体白色，体长 12 ～ 15mm。雄虫翅展 23 ～ 35mm，雌虫翅展 33 ～ 45mm。雌虫触角锯齿状，雄虫触角双栉齿状。雌虫前翅纯白色，雄虫前翅上有褐色斑点；脉相前翅 R1 由中室单独发出，R2 ～ R5 共柄，M1 由中室前角发出，M2、M3 由中室后角上方发出，Cu1 由中室后角发出；后翅 Sc ＋ R1 由中室前缘中部发出，Rs 和 M1 由中室前角发出，M2、M3 有一短的共柄，由中室后角上方发出，Cu1 由中室后角发出。后翅通常纯白色无斑点。前足胫节有弯端爪，后足胫节只有 1 对端距，缺中距。雄性外生殖器钩形突向腹方弯曲呈钩状，抱器瓣对称，具有一个发达的中央突；阳茎稍弯，顶端着生微刺突；阳茎基环呈梯形板状；

基腹弧较抱握瓣短，近“U”形。

卵 球形，初产时呈黄绿色，不久颜色变深，孵化前呈灰褐色，卵面有无数有规则的凹陷刻纹；卵多产于叶背，呈块状，常覆盖雌蛾体毛（鳞片）。

幼虫 老熟幼虫体圆筒形，体色黄绿至灰黑色，头黑色有光泽，背部有1条灰黑色或深褐色宽纵带，带上着生黑色毛瘤；体侧淡黄色，着生橘黄色毛瘤。腹面灰黄色至淡灰色。

茧 淡灰色、薄，由稀疏的丝混杂幼虫的体毛编织而成。

蛹 体长8～15mm，宽3～5mm，暗红褐色。臀棘8～17根，多数12～16根，长度约相等，端部膨大且中心凹陷而呈喇叭形。

美国白蛾危害状（陈亮 摄）

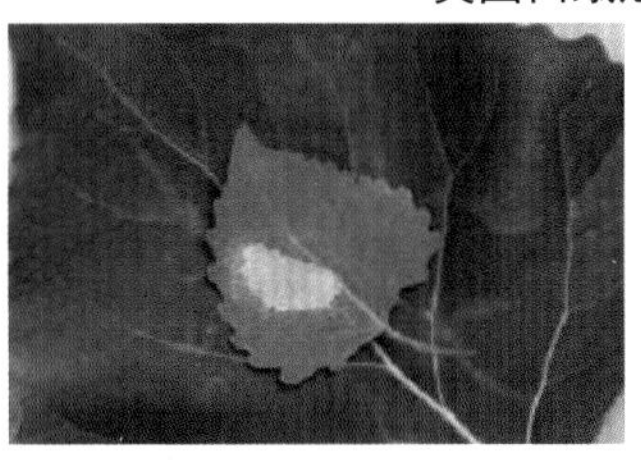

美国白蛾卵（苏山玉 摄）

美国白蛾刚孵化幼虫（李秋生 摄）

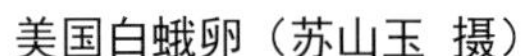

美国白蛾幼虫（陈亮 摄）

美国白蛾老熟幼虫 （董玖莉 摄）

美国白蛾蛹（董玖莉 摄）

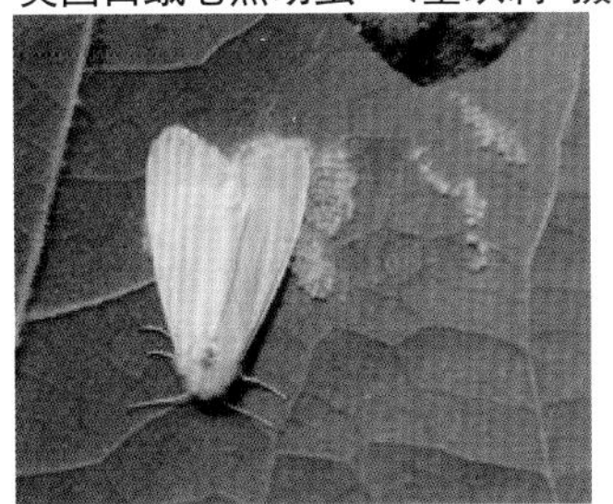
美国白蛾雌成虫（董玖莉 摄）

美国白蛾雄成虫（董玖莉 摄）

【生物学特性】在安阳1年发生3代，世代重叠，以蛹在老树皮下、地面枯枝落叶、地面表土内越冬。初孵幼虫在5月初和5月底均有发生，7月上旬同时存在第1代蛹、成虫和第2代卵、幼虫。安阳市在4月中旬发现越冬代成虫，4月中旬至5月中旬、6月下旬至7月中旬、8月为成虫期；5月上旬至6月中旬、7月上旬至8月上旬、8月中旬至9月下旬为幼虫期。5月下旬至6月上旬、7月中下旬、9月上中旬是幼虫危害盛期。

成虫喜夜间活动和交尾，交尾后即产卵于叶背，卵单层排列成块状，1卵块有数百粒，多者可达千粒，卵块上被有1层雌成虫体毛，卵期15d左右。幼虫孵出几个小时后即吐丝结网，开始吐丝缀叶1～3片，随着幼虫生长，食量增加，更多的新叶被包进网幕内，网幕也随之增大，最后犹如一层白纱包裹整个树冠。幼虫共7龄，4龄前幼虫在网幕内取食，5龄以后进入暴食期，并分散活动，把树叶食光后，转移危害。

【防治方法】发生期（4～9月）：①剪除网幕。在每一代的幼虫结网幕盛期，结合普查，对发现的美国白蛾网幕用高枝剪剪下并立即集中烧毁或者深埋，发现散落在地上的幼虫立即杀死。②地面喷药。在每一代幼虫2龄初期，根据林地类型等条件选择适宜的喷药器械，喷洒25%灭幼脲III号2000倍液或20%除虫脲悬浮剂5000倍液或3%高渗苯氧威乳油2500倍液等仿生制剂；或者喷洒1.2%烟·参碱乳油2000倍液或1%苦参碱1500倍液等植物源杀虫剂；也可以在清晨或傍晚气温产生递增时，采用苦·烟乳油：柴油为1：（5～10）的比例喷烟。③飞机喷药。对相对集中连片的林木，尤其是生态廊道林，以及与外地（市）交界地带，选用25%阿维·灭幼脲III号悬浮剂或者3%苯氧威乳油或1%苦参碱等仿生制剂或植物源杀虫剂，每亩40～50g进行飞机超低容量喷雾防治。④灯光诱杀。在公园等人为活动比较频繁的林区等地设置频振式杀虫灯，利用趋光性夜间诱杀成虫。⑤释放白蛾周氏啮小蜂。每代以美国白蛾虫口3倍的数量分2次释放白蛾周氏啮小蜂（在美国，白蛾老熟幼虫期放1次，隔7～10d即美国白蛾化蛹初期再放1次）。

蛹（10月至翌年3月）：人工灭除越冬蛹。

2 春尺蠖

【分类地位】春尺蠖Apocheima cinerarius（Erschoff）属鳞翅目尺蛾科。

【寄主】杨树、沙枣树、柳树、榆树、槐树、桑树、苹果树、梨树、核桃树、沙果树等，在安阳主要以杨树为寄主。

【分布与危害】国内分布于新疆、陕西、黑龙江、宁夏、甘肃、青海、内蒙古、山西、山东、江苏、河北、河南等地；安阳主要分布在安阳县、内黄县、汤阴县、龙安区。

以幼虫取食叶片危害，初孵幼虫取食幼芽，使幼芽发育不齐，展叶不全。幼虫发育快，食量大，发生期比较早，不易被发现。可将整枝叶片全部食光并扩展到整株树叶尽被食光，造成点片树木乃至整条林带或片林“春树冬景”。

【形态特征】成虫　雌蛾无翅，体灰褐色，复眼黑色，触角丝状，腹部各节背面有数目不等的成排黑刺，刺尖端圆钝，腹部末端臀板有突起和黑刺列。雄蛾触角羽毛状，前翅淡灰褐色至黑褐色，从前缘至后缘有 3 条褐色波状横纹，中间一条不明显。成虫体色因寄主不同而不同，由淡黄至灰黑色。

卵 长圆形，灰白色或赭色，有珍珠光泽，卵壳上有整齐刻纹。初产时黄褐色或粉红色，孵化前深紫色或黑色。

幼虫 共 5 龄，老熟幼虫灰褐色，腹部第二节两侧各有一瘤状突起，腹线白色，气门线一般为淡黄色。

蛹 灰黄褐色，臀棘分叉，雌蛹有翅的痕迹。

春尺蠖危害状（陈亮 摄）

春尺蠖幼虫卵（董玖莉 摄）

春尺蠖幼虫（陈亮 摄）

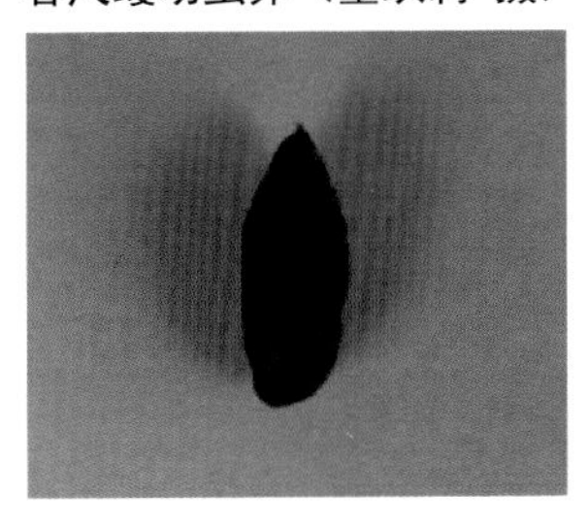

春尺蠖蛹（董玖莉 摄）

春尺蠖雌成虫 （董玖莉 摄）

春尺蠖雄成虫（董玖莉 摄）

【生物学特性】在安阳一年发生 1 代，以蛹在树冠下土壤中越冬，蛹期可达 9 个多月。2 月中旬开始羽化，3 月底羽化末期，成虫期 2 个半月左右。卵始见于 2 月下旬 ，3 月上旬进入产卵盛期。3 月中旬树芽萌动时，卵开始孵化。3 月下旬为孵化盛期，4 月是幼虫危害盛期。4 月下旬、5 月上旬，幼虫开始老熟，入土化蛹越夏、越冬。

成虫多在下午和夜间羽化出土，雄虫有趋光性，白天多潜伏于树皮缝隙、枯枝、枝杈断裂等处，夜间交尾产卵，一般产 200 ～ 300 粒，最多 600 粒。初孵幼虫活动能力弱，取食幼芽和花蕾，较大则食叶片；4 ～ 5 龄虫耐饥能力强。初龄幼虫能在树枝之间、树与树之间吐丝结成网幕，这是大量发生的。4 月下旬、5 月上旬，气温升高，老熟幼虫先后入土分泌黏液硬化土壤做土室化蛹，入土深度以 16 ～ 30cm 处为多，约占 65%，最深达 60cm，多分布于树干周围和低洼处。

【防治方法】成虫期（2 月）：①灯光诱杀法，夜晚设置黑光灯、频振式杀虫灯、太阳能杀虫灯等诱杀雄成虫。②在干基部周围挖深、宽各约 10 ㎝的环形沟，沟壁要垂直光滑，沟内撒毒土 0.5 kg（细土 1 份、杀螟松 1 份）。③可以在树干基部绑毒草绳，定期喷施农药，阻杀成虫上树。④在树干基部上绑 20cm 宽的光滑塑料布或透明胶带，并在胶带上涂抹“拦虫虎”药膏。

卵期（3 月）：结合成虫防治，人工杀死树干上的卵块。

幼虫期（4 月）：飞机超低容量喷雾法，选用 25%阿维 • 灭幼脲Ⅲ号悬浮剂或者 3%苯氧威乳油或 1% 苦参碱等仿生制剂或植物源杀虫剂，每亩 40 ～ 50g；地面机械常量喷雾法，选用 25%灭幼脲Ⅲ号悬浮剂 2000 倍、3%苯氧威乳油 3000 倍等仿生制剂喷雾；喷烟法，一般在晴朗、无风或微风时进行，选用油溶性苯氧威、苦参碱、高氯菊酯等农药，按药与柴油 1 ：（5 ～ 8）的比例混合喷烟。生物防治法，利用春尺蠖核型多角体病毒（NPV）防治春尺蠖，地面喷洒为 3.0×10^{11} ～ 6.0×10^{11}PIB/hm^2，飞机喷洒为 3.75×10^{11}PIB/hm^2。防治时间以 1 ～ 2 龄幼虫占 85%时最好。

蛹期（5 ～ 12 月）：人工挖蛹，结冻前翻地、晒蛹和冻蛹，杀死越冬蛹；4 月下旬在树干捆 1 卷干草，引诱越夏、越冬虫到此化蛹，然后集中烧毁。

3 国槐尺蠖

【分类地位】国槐尺蠖Semiothisa cinerearia Bremer et Grey属鳞翅目尺蛾科。

【寄主】国槐、刺槐、龙爪槐、蝴蝶槐，在安阳地区主要以国槐为寄主。

【分布与危害】河南、河北、山东、江苏、浙江、安徽、江西、陕西、甘肃等省，安阳地区均有分布。

以幼虫取食叶片，常将叶片食尽，削弱树势，且幼虫吐丝下垂随风飘散，惊扰群众。

【形态特征】成虫 体长12～17mm，翅展30～45mm。体灰褐色，触角丝状。前后翅面上均有深褐色波状纹3条，展翅后都能前后连接，靠翅顶的1条较宽而明显。停落时前后翅展开，平铺在体躯上。

卵 钝椭圆形，长0.58～0.67mm，宽0.42～0.48mm，初产时绿色，后渐变暗红色至灰黑色，卵壳透明。

幼虫 初孵时黄褐色，取食后为绿色，2～5龄幼虫均为绿色。春季老熟幼虫体长38～42mm，气门线黄色，气门线以上密布小黑点。秋季老熟幼虫体长45～55mm，每节中央呈黑色“＋”字形。

蛹 圆锥形，长约16.3mm，初粉绿色，后褐色。

国槐尺蠖危害状（董玖莉 摄）

国槐尺蠖幼虫（董玖莉 摄）

国槐尺蠖成虫（董玖莉 摄）

【生物学特性】在安阳1年发生3代，世代重叠，以蛹分散在土中越冬，靠近树干部位较集中。翌年4月中旬开始羽化。第1代幼虫始见期是5月中旬。各代幼虫危害盛期分别是5月下旬、7月中旬、8月下旬至9月上旬。9月上旬开始入土化蛹越冬，少量幼虫危害至10月上旬。

成虫多于傍晚羽化，一般喜欢在海棠花上取食来补充营养，当天即可交尾，第2天后产卵。卵散产于叶片及叶柄和小枝上，以树冠南面最多。各代幼虫平均产卵量为155～213粒。幼虫以19时～21时孵化最多，孵化后即开始取食。幼虫能吐丝下垂，随风飘散，或借助胸足和腹足的攀附，在树上作弓形的运动；老熟幼虫不能吐丝，能沿着树干向下爬，或直接掉落地面，大多白天入土化蛹。幼虫入土深度3～6cm，少数12cm。城市行道树幼虫多在绿篱下、墙根浮土中化蛹。当无适宜的化蛹场所时，也可在裸露的地面化蛹，但成活率很低。

【防治方法】越冬成虫及卵、幼虫（4～9月）：①利用雄成虫趋光性，进行灯光诱杀。②成虫产卵期，林间释放赤眼蜂。③利用幼虫吐丝下垂习性，摇树振落幼虫，就地杀死。④于3龄幼虫前喷20%除虫脲悬浮剂10000倍液，或600～1000倍的每毫升含孢子100亿以上的BT乳剂等仿生制剂或生物制剂。

越冬蛹（10月至翌年3月）：①于3月之前，在树木附近4 cm多深松土挖蛹消灭。②国槐栽培地不种植海棠植物，使成虫不能及时顺利补充营养，减少成虫产卵量。

4 刺槐外斑尺蠖

【分类地位】刺槐外斑尺蠖 Ectropis excellens Butler 属鳞翅目尺蛾科。

【寄主】刺槐、榆、杨、柳、栎、栗、苹果、梨等林木及农作物。在安阳地区以刺槐为主。

【分布与危害】河南省郑州、濮阳、新乡、开封市等黄河故道刺槐林区有发生，安阳地区均有分布。

以幼虫取食叶片，具有暴食性，短时间能将整枝、整树的叶片食光。在高温干旱年份，1 年可 2～3 次将叶片吃光，造成林木上部枯死，从主干中下部萌芽，给林木生长造成严重危害。

【形态特征】成虫 雌蛾体长 15mm 左右，翅展 40mm 左右；体灰褐色，触角丝状；前翅内横线褐色，中横线波状不明显，外横线波状较明显，中部有一个明显的黑褐色近圆形大斑；亚外缘锯齿形，外侧灰白色与外缘线间的黑色斑纹相互交叉呈波状横纹；后翅外横线波状，呈细的褐色波状纹，其他横线模糊不清。雄蛾体长 13mm 左右，翅展 32mm 左右，触角短栉齿状，体色和斑纹较雌蛾色深明显。

卵 椭圆形，横径 0.8mm，青绿色，近孵化时褐色。

幼虫 初期灰绿色，胸部背面第 1、2 节之间有明显的 2 块褐斑，第 5 节背面有 2 个肉瘤。老熟幼虫体长 35mm 左右，体色变化较大，有茶褐色、灰褐色、青褐色等；胸部第 1、2 节之间色深，呈褐色，中胸至腹部第 8 节两侧各有一条断续的褐色侧线。

蛹 体长 13mm 左右，宽 5mm 左右，暗红褐色，纺锤形，尾部末端具 2 个刺突。

刺槐外斑尺蠖卵（李秋生 摄）

刺槐外斑尺蠖幼虫（李秋生 摄）

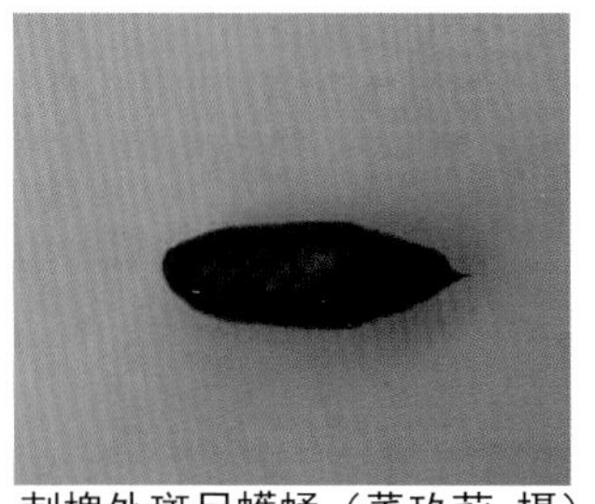
刺槐外斑尺蠖蛹（董玖莉 摄）

刺槐外斑尺蠖成虫（刘晓琳 摄）

【生物学特性】在安阳 1 年发生 4 代，世代重叠，以蛹在表土中越冬。翌年 4 月上旬成虫开始羽化、产卵。卵期 15d 左右，幼虫期 25d 左右，5 月上旬开始入土化蛹。蛹期 10d 左右羽化成第一代成虫，成虫寿命 5d 左右。第 2 代成虫 7 月上、中旬出现，第 3 代成虫 8 月中、下旬发生。第 4 代幼虫危害至 9 月中旬，然后先后老熟入土化蛹越冬。

成虫趋光性极强。产卵于树干近基部 2m 以下的粗皮缝内，堆积成块，上覆灰色茸毛。每雌产卵 600 ～ 1360 粒。幼虫孵化后，沿树干、枝条向叶片迁移，啃食叶肉，残留表皮。4 龄幼虫食量大增，把叶片咬成缺刻或孔洞，严重时把叶片吃光，树冠呈火烧状。幼虫共 5 龄，遇惊则吐丝下垂随风飘迁。幼虫危害时，枝条间吐丝拉网，连缀枝叶，如帐幕状。老熟幼虫多集中在树干基部周围 3 ～ 6cm 深的土中化蛹。

【防治方法】成虫、卵、幼虫（4 ～ 9 月）：①利用成虫趋光性，进行灯光诱杀。②利用幼虫吐丝下垂习性，摇树振落幼虫，就地杀死。③于 3 龄幼虫前喷 25% 灭幼脲III号悬浮剂 2000 倍液，或 20% 菊杀乳油 4000 倍液；或于较高龄幼虫期喷 500 ～ 1000 倍的每毫升含孢子 100×10^{8} 以上的 BT 乳剂。④大面积发生时，飞机超低容量 $700g/hm^{2}$ 喷洒 25% 灭幼脲III号等。

越冬蛹（10 月至翌年 3 月）：①于 3 月之前，在树木附近 6 cm 多深松土挖蛹消灭。②营造混交林，改造纯林。

5 枣尺蠖

【分类地位】枣尺蠖 Sucra jujube（Chu）属鳞翅目尺蛾科。

【寄主】枣、苹果、梨、葡萄、杨树、刺槐、花生、甘薯、核桃等多种植物，在安阳主要以枣树为寄主。

【分布与危害】国内分布于山东、山西、陕西、浙江、安徽、河北、河南等地；在安阳主要分布在内黄县。

以幼虫危害枣芽、花蕾和叶片，初孵幼虫危害嫩芽。大发生时将枣树啃成光杆，不仅当年毫无收成，而且影响第二年产量，将叶片全部吃光后可转移到其他果树。

【形态特征】成虫 雌雄异型，雌蛾无翅，黑褐色，头小，喙退化，触角丝状、褐色，胸部膨大，足3对，各足胫节有白环5个；雄虫淡灰色，触角羽毛状，前翅灰褐色，有黑色弯曲的条纹3条，后翅灰色，内侧有一个黑点。

卵 圆球形，初产时淡绿色，后转为灰黄色，近孵化时黑色。

幼虫 共5龄，1龄黑色，前胸前缘和第1～5腹节背面各有白色环带1条；2龄幼虫深绿色，体表有7条白色纵纹；3龄幼虫灰绿色，体表有13条白色纵纹；4龄幼虫灰褐色，体表有13条黄白与灰白相间纵条纹；5龄幼虫灰褐色或青灰色，体表有灰白断续纵纹25条。老熟幼虫体长35～40mm。

枣尺蠖幼虫（董玖莉 摄）

蛹 纺锤形，初绿色，后变黄色至红褐色，雌蛹大，雄蛹小，腹尖，蛹尾部具褐色臀棘。

【生物学特性】在安阳一年发生1代，以蛹分散在树冠下土壤中8～20cm处越冬，靠近树干部较集中。翌年3月中旬开始羽化，3月下旬至4月中旬为羽化盛期。羽化期达50d，雌雄比为2:1，成虫寿命 5 ～ 6d。4 月中旬幼虫开始孵化危害，幼虫孵化时间长，可持续 50d 左右，4 月下旬至 5 月上旬是危害盛期，5 月下旬开始落地化蛹越夏越冬，6 月中旬化蛹完毕。

成虫具趋光性、假死性。雌成虫无翅，成虫羽化后，雄蛾直接飞到树干或枝条阴面休栖，雌蛾则先在土表潜伏一段时间，傍晚才开始大量出土，然后向树上爬去，寻找配偶进行交配。交配后 2 ～ 3d，雌虫进入产卵高峰期，卵产于枝杈粗皮缝内，几十至几百粒排列成整齐的片状或不规则状，每雌产卵约 1200 粒。卵期 15 ～ 25d，卵块属聚集分布。小龄幼虫群集危害叶芽，大些后分散危害。幼虫具有假死性。小龄幼虫受惊后即吐丝下垂，悬于空中，随后顺丝再折返枝叶或随风转移危害。大龄幼虫吞食叶片，受惊吐丝后落地，再爬回树上继续危害。

【防治方法】（1）成虫、卵期（3 ～ 4 月上旬）：阻隔杀虫法，在树干基部，刮去老粗皮，绑 20cm 宽的扇形塑料薄膜，薄膜中部用毒草绳捆之，将塑料薄膜向下翻卷成喇叭形，阻杀雌成虫上树；利用雄成虫趋光性，进行灯光诱杀；成虫产卵期，林间释放赤眼蜂。

（2）幼虫期（4 月中旬至 6 月）：利用假死性，摇树振落幼虫，就地杀死；喷洒药剂防治，选用 25%阿维•灭幼脲III号悬浮剂或者 3%苯氧威乳油等仿生制剂 1000 ～ 2000 倍液，或 20% 除虫脲 7000 倍液；该虫对菊酯类药剂敏感，可选用 2.5% 高效氯氰菊酯乳油或 20% 氰戊菊酯乳油 2000 倍液等。

（3）蛹期（7 月至翌年 2 月）：枣园秋翻灭蛹，人工土中挖蛹。

6 木橑尺蠖

【分类地位】木橑尺蠖 Culcula panterinaria（BremeretGrey）属鳞翅目尺蛾科。

【寄主】黄连木、核桃、泡桐、杨树、刺槐、柿等植物，在安阳主要寄主为核桃、花椒、木橑、黄连木、刺槐等。

【分布与危害】国内分布于山东、山西、北京、河北、河南、内蒙古、四川、云南、广西等地，在安阳主要分布在林州市。

以幼虫取食叶片。大发生时，可将叶片吃光，严重影响树木生长和结实。

【形态特征】成虫 体黄白色，复眼深褐色，触角雌蛾丝状，雄蛾羽状。胸背面后缘、颈板、肩板边缘、腹部末端均被有棕黄色鳞片，在颈板中央有1个浅灰色斑纹。翅底白色，翅面上有灰色和橙色斑点;在前翅和后翅的外线上各有一串橙色和褐色圆形斑，斑中呈灰色斑的变异很大。雌蛾腹部末端有一丛厚密的黄色鳞毛。雄蛾体略小，外形相似。

卵 扁圆形，绿色;卵块上覆有一层黄棕色茸毛，孵化前变为黑色。

幼虫 体色通常与寄主植物颜色相近，头部正面略呈四边形，头、胸、腹部布满小颗粒，头顶中央有凹陷成深棕色的倒“V”形纹;前胸盾具峰状突起，中胸至腹末各节有灰白色小圆点4个。

蛹 雌蛹较大，纺锤形，初化蛹时为翠绿色，以后变为黑褐色，体表光滑，布满小刻点，头部有耳状突起2个。

木橑尺蠖幼虫（王相宏 摄）

木橑尺蠖成虫（王相宏 摄）

木橑尺蠖危害状（王相宏 摄）

【生物学特性】在安阳1年发生1代，以蛹在树下较潮湿浅土层中及石块下越冬。翌年5月中旬开始羽化，7月中下旬为羽化盛期，8月上旬为羽化末期。成虫于6月下旬产卵，7月中下旬为盛期，8月中下旬为末期；幼虫于7月上旬孵化，盛期为7月下旬至9月上旬；老熟幼虫9月至10月下旬化蛹越冬。

成虫具趋光性，需补充营养。成虫羽化后2～4d交尾产卵，多产于老皮缝隙中。卵堆生，与腹末鳞毛相混杂，每雌产卵可达800粒。卵历期9～10d。初孵幼虫活泼、喜光，常在树冠处危害，可吐丝转移。3龄后迟钝，食量猛增，可成群外迁扩大危害，幼虫共6龄，腹足抓附力强，不易振落，8～9月是幼虫危害盛期。

【防治方法】（1）成虫期、卵期（5～7月）：利用成虫趋光性，进行灯光诱杀。

（2）幼虫期（8～9月）：药剂防治，喷洒选用20%除虫脲悬浮剂10000倍液，或BT乳剂500～1000倍的含孢量100×10^8个/g。大发生时，采用飞机超低量喷洒25%灭幼脲Ⅲ号，每亩用药50g左右。

（3）蛹期（10月至翌年4月）：加强果园管理，结合耕翻土壤，杀死越冬虫蛹。

7 杨小舟蛾

【分类地位】杨小舟蛾Micromelalopha troglodyta（Graeser）属鳞翅目舟蛾科。

【寄主】杨树、柳树等，安阳地区主要以杨树为寄主。

【分布与危害】国内分布于黑龙江、吉林、辽宁、山东、河北、河南、安徽、江苏、四川等地；安阳地区均有分布。

以幼虫取食叶片。大发生时，可将叶片吃光，严重影响树木生长。

【形态特征】成虫　体色变化较大，有黄褐、红褐和暗褐等色。前翅有3条灰白色横线，每线两侧具暗边，内横线在亚中褶下呈屋顶形分叉，内叉较外叉明显，外横线呈波浪状，横脉为1个小黑点，后翅黄褐色，臀角有1个赭色或红褐色小斑。前翅后缘中央有突出的毛簇，静伏时，翅呈屋脊状，触角丝状。静止时前足向前伸，似兔状。

卵 半球形，黄绿色，紧密排列于叶面呈块状，有的卵块在叶背。

幼虫 共5龄，体色变化较大，从灰褐色至灰绿色不等，体侧各具一条黄色纵带，体上生有不明显肉瘤，以腹部第1节和第8节背面肉瘤较大，呈灰色，上面生有短毛。静伏时头尾翘起，如舟形。

蛹 褐色，近纺锤形。

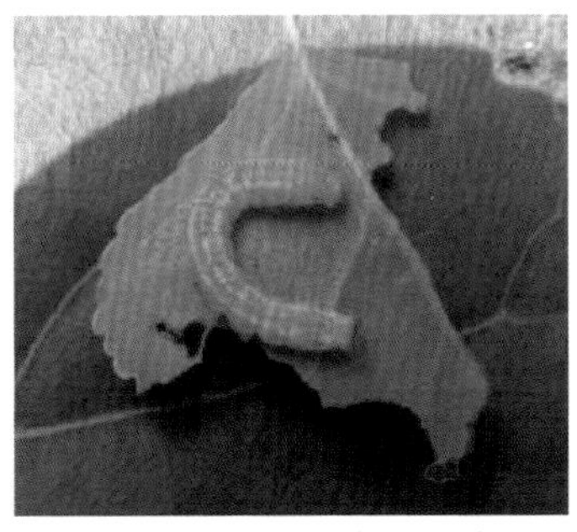

杨小舟蛾幼虫（董玖莉 摄）

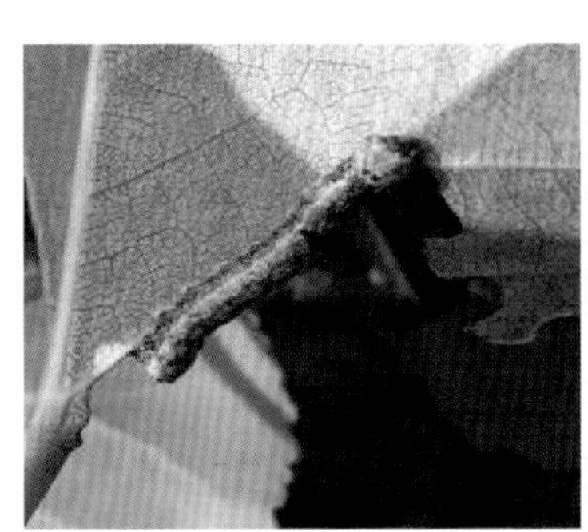

杨小舟蛾幼虫（陈亮 摄）

杨小舟蛾蛹（陈亮 摄）

杨小舟蛾成虫（董玖莉 摄）

杨小舟蛾成虫和卵（董玖莉 摄）

【生物学特性】在安阳1年发生4～5代，以蛹越冬。翌年4月初越冬代成虫出土，一直到5月中旬还有成虫，出土时间跨度大，造成出土早的发生5代，出土晚的发生4代，世代重叠现象严重，夏秋季既能看到蛹、成虫，也能见到卵和幼虫。一般4月下旬是越冬代成虫羽化盛期，6月上旬是第1代成虫羽化盛期，7月上旬是第2代成虫羽化盛期，7月底和8月初是第3代成虫羽化盛期，8月底是第4代成虫羽化盛期。卵历期1周左右。第1代至5代幼虫危害盛期分别是5月中旬、6月中旬、7月中旬、8月中旬、9月下旬，尤其是6月中旬和7月中旬危害最大。第5代危害至10月下旬下树，在表土层中或枯枝落叶中化蛹越冬。

成虫不擅飞行，具有较强的趋光性，成虫昼伏夜出，下午至傍晚为羽化高峰期，寿命4～9d，白天隐蔽于叶片背面、枝条或树干上，傍晚开始活动。成虫有多次交尾习性，卵多产于叶片上，越冬代成虫少部分将卵产于树干或枝条上。初孵幼虫群集叶背啃食表皮，被害叶具箩网状透明斑，稍大后分散蚕食，仅留叶脉；3龄后取食叶片成缺刻或食尽全叶，4龄后进入暴食期，5龄幼虫食叶量占幼虫期总食量的83%。幼虫昼夜均能取食，夜间危害最烈。幼虫取食常导致残叶飘落，次日早晨在树冠下可见大量咬落的碎叶和粪便。幼虫行动迟缓，寻食时能吐丝下垂随风飘移；老熟幼虫大部分下树在枯枝落叶中或表土层中结薄茧化蛹（有的不结薄茧），少部分在树冠缀叶或树洞、树皮裂缝内结薄茧化蛹。

【防治方法】（1）成虫期（4月、6月和7月上旬、8月）：利用成虫的趋光性，夜晚设置杀虫灯诱杀。杀虫灯布设间距一般100m左右，距地面高1.5m左右，要固定专人看管，定期清理接虫袋。

（2）卵期、幼虫期（5～8月中旬、9月下旬）：①飞机超低容量喷雾法、地面机械常量喷雾法、喷烟法参照春尺蠖。②零星大树可以用树干注射防治法：使用树干打孔注药机或其他工具将一定量的内吸性强的农药注入木质部，通过树干输送到叶部达到杀虫的目的。打孔深度2cm左右，打孔方向斜向下，每孔用针管慢慢推入40%氧化乐果等原液，药液渗入后用黄泥封口；依树体大小，每株打孔1～5个，注药量按树干直径每厘米注药1mL计算。③生物防治：第1代幼虫发生期喷洒 100 亿活芽孢 /MLBT 可湿性粉剂 200 ～ 300 倍液，或 16000IU/MLBT 可湿性粉剂 1200 ～ 1600 倍液。于第 1、2 代卵发生盛期，每公顷释放 30 万～ 60 万赤眼蜂。

（3）蛹期（11 月至翌年 3 月）：对越冬蛹密度高的林分，发动群众清除地表枯枝落叶，集中堆沤杀死越冬蛹，耕翻林地，使越冬蛹受冻而死。

8 杨扇舟蛾

【分类地位】杨扇舟蛾Clostera anachoreta（Fabricius）属鳞翅目舟蛾科。

【寄主】杨树、柳树等，安阳地区主要以杨树为寄主。

【分布与危害】国内均有分布，除新疆、贵州、广西和台湾外；安阳地区主要分布在安阳县、汤阴县、内黄县等地。

以幼虫取食叶片，2 龄以后幼虫吐丝缀叶，形成大的虫苞；3 龄后分散取食，严重时将林木叶片全部吃光，仅留叶脉和叶柄，大发生时可将成片杨树叶吃光，影响树干正常生长，造成树势衰弱。

【形态特征】成虫 成虫体灰褐色，前翅灰褐色，翅面有 4 条灰白色波状横纹，顶角有一个褐色扇形斑。外横线穿过扇形斑一段，呈斜伸的双齿形，外衬 2 ～ 3 个黄褐色带锈红色斑点，扇形斑下方有 1 个较大的黑点。后翅呈灰褐色。

卵 初产为橙黄色，半透明，渐变为橙红色，后变为棕红色，在孵化前，开始由棕红色逐渐变为黑色，最后变为外壳透明、内核发黑的孵化卵。

幼虫 幼虫初孵时墨绿色，体长约 0.28mm，老熟幼虫体具白色细毛。头黑褐色，全身密披灰黄色长毛，体灰赭褐色，腹部背面带淡黄绿色，每节着生有 8 个环形排列的橙红色瘤，瘤上具有长毛，两侧各有较大的黑瘤，其上着生白色细毛 1 束，向外呈放射状发散。腹部第 1 节和第 8 节背面中央有较大的红黑色瘤。

蛹 褐色，尾部有分叉的臀棘。

茧 灰白色，椭圆形。

杨扇舟蛾幼虫（董玖莉 摄）

杨扇舟蛾成虫（李秋生 摄）

杨扇舟蛾危害状（李秋生 摄）

【生物学特性】在安阳一年发生4代，以蛹在落叶、粗树皮下、地被物或表土层内结茧越冬。最早4月中上旬可以见到越冬成虫，开始交配，5月初开始产卵，5月上旬出现第1代幼虫，5月中下旬为幼虫盛发期，6月上中旬第1代成虫出现；6月中旬出现第2代卵，一周后开始孵化，6月下旬为第2代幼虫出现盛期，第2代成虫出现于7月中旬；7月下旬为第3代幼虫盛期，8月中旬开始羽化；8月下旬为第4代幼虫盛发期，这代幼虫危害至9月中下旬开始化蛹越冬，9月下旬达到化蛹越冬盛期。世代重叠现象严重，夏秋季既能看到蛹、成虫，也能见到卵和幼虫。

成虫昼伏夜出，傍晚羽化最多，有趋光性强和多次交尾习性，上半夜交尾，下半夜产卵，寿命 6 ～ 9d。越冬代成虫的卵多产于小枝上，以后各代主要产于叶背面。卵单层、块状，每个卵块有卵 9 ～ 600 粒，每雌产卵 100 ～ 600 粒。卵期 7 ～ 11d。幼虫期 33 ～ 34d，初孵幼虫群集啃食叶肉，2 龄吐丝缀叶成苞，被害叶枯黄，甚为明显；3 龄后分散取食，食全叶，可吐丝随风飘迁其他处危害，末龄幼虫食量占总食量 70% 左右，老熟幼虫常在树上卷叶化蛹，越冬蛹在树下土壤和枯枝落叶中。

【防治方法】（1）成虫期（4 月、6 月和 7 月上旬、8 月）：利用成虫的趋光性，夜晚设置杀虫灯诱杀。杀虫灯布设间距一般 100m 左右，距地面高 1.5m 左右，要固定专人看管，定期清理接虫袋。

（2）卵期、幼虫期（5 ～ 8 月中旬、9 月下旬）：①飞机超低容量喷雾法、地面机械常量喷雾法、喷烟法（参照春尺蠖）。②零星大树可以用树干注射防治法：使用树干打孔注药机或其他工具将一定量的内吸性强的农药注入木质部，通过树干输送到叶部达到杀虫的目的。打孔深度 2cm 左右，打孔方向斜向下，每孔用针管慢慢推入 40％氧化乐果等原液，注药量按胸径每 1cm 注射 1ml 的药液。药液渗入后用黄泥封口；依树体大小，每株打孔 1 ～ 5 个。③生物防治：第 1 代幼虫发生期喷洒 100 亿活芽孢 /mlBT 可湿性粉剂 200 ～ 300 倍液。于第 1、2 代卵发生盛期，每公顷释放 30 万～ 60 万赤眼蜂。

（3）蛹期（11 月至翌年 3 月）：对越冬蛹密度高的林分，发动群众清除地表枯枝落叶，集中堆沤杀死越冬蛹，耕翻林地，使越冬蛹受冻而死。

9 苹掌舟蛾

【分类地位】苹掌舟蛾 Phalera flavescens（Bremer etGrey）属鳞翅目舟蛾科。

【寄主】苹果、梨、桃、山楂、樱桃、榆树、柳树等，安阳主要以苹果、杏为寄主。

【分布与危害】除西北地区外，国内均有分布；在安阳主要分布于林州。

以幼虫群集或分散取食寄主叶片，暴发性强，受害树叶片残缺不全，或仅剩叶脉，严重时将林木叶片全部吃光，影响树干正常生长，造成树势衰弱。

【形态特征】成虫 头胸部淡黄白色，腹部雄虫残黄褐色，雌蛾土黄色，末端均淡黄色，复眼黑色球形。触角黄褐色，丝状，雌触角背面白色，雄各节两侧均有微黄色茸毛。前翅基本有银灰色和紫褐色各半的椭圆形斑，近外缘处有与翅基部色彩相同的斑6个，翅顶角有灰褐色斑2个，后翅淡黄色。

卵 球形，直径1mm左右，初为淡绿色，后变为灰色。

幼虫 末龄幼虫体长约55mm，被灰黄长毛。头、前胸盾、臀板均黑色。胴部紫黑色，背线和气门线及胸足黑色，亚背线与气门上、下线紫红色。体侧气门线上下生有多个淡黄色的长毛簇。

蛹 长约22mm，暗红色至灰褐色，中胸背板后缘具9个缺刻，腹部末节背板光滑，前缘具7个缺刻，腹末有臀棘6根，中间2根较大，外侧2个常消失。

苹掌舟蛾危害状（王相宏 摄）

苹掌舟蛾幼虫（王相宏 摄）

【生物学特性】在安阳1年发生1代，以蛹在树冠下的土壤中越冬。越冬蛹于次年6月下旬羽化，7月中下旬达到羽化盛期，8月上旬为羽化末期。羽化后交配产卵，卵初见于7月上旬，7月下旬达到盛期。7月上中旬即可见到幼虫，7月下旬至8月上旬为孵化盛期，危害盛期在8～9月。9月上旬老熟幼虫开始化蛹，9月中下旬为化蛹盛期。

成虫有趋光性，夜间活动。羽化后几小时至几十天后交尾，交配后约 2d 开始产卵，卵多产在树体东北面的中、下部枝条的叶背。每头雌虫产 1 ～ 3 次卵，呈块状，每雌产卵平均 300 粒。卵期 7 ～ 10d，初孵幼虫多群栖叶背，取食时排列整齐，有假死性，受惊后吐丝下坠，3 龄后逐渐分散取食，4 龄后食量剧增，常把叶片分散取食吃光。幼虫期约 35d，白天多停栖叶柄，时头尾向上翘起呈小舟形，故称“舟形毛虫”。9 月下旬，老熟幼虫入土化蛹越冬。

【防治方法】（1）成虫期、卵期（7 月）：利用成虫的趋光性，夜晚设置杀虫灯诱杀；释放松毛虫赤眼蜂灭卵。

（2）幼虫期（8 ～ 9 月）：利用幼虫假死性，人工振落捕杀；幼虫分散前，人工摘除带虫叶片，并集中消灭；喷洒吡虫啉。

（3）蛹期（10 月至翌年 6 月）：结合翻耕，将蛹翻到土表，使越冬蛹受冻而死，或人工灭蛹。

10 杨毒蛾

【分类地位】杨毒蛾 Leuoma candida（Staudinger）属鳞翅目毒蛾科。

【寄主】杨树、柳树、白桦、槭树等，杨树和柳树的主要害虫。

【分布与危害】在河南全省均有分布，在安阳主要分布于林州。以幼虫取食杨树、柳树叶片，暴发性强，大发生时数天之内即可将叶片吃光。

【形态特征】成虫　雄虫体长35～42mm，雌虫体长48～52mm，通体白色。翅有光泽，不透明。触角黑色，有白色或灰白色环节；下唇须黑色；足黑色，胫节和跗节有白环。

卵　馒头形，灰褐色至黑褐色，成块状堆积，卵块上被灰色泡沫状物。

幼虫　末龄幼虫体长 30 ～ 50mm。头棕色，有两个黑斑，刚毛棕色。体黑褐色，亚背线橙棕色，上面长满黑点。腹部第 1、2、6、7 节有黑色横带，将亚背线切断，气门上线和下线黄棕色且有黑斑；腹面暗褐色；身体各节具瘤状突起，蓝黑色；足为棕色。

蛹 黑褐色，长 20 ～ 25mm，着生棕黄色细毛。

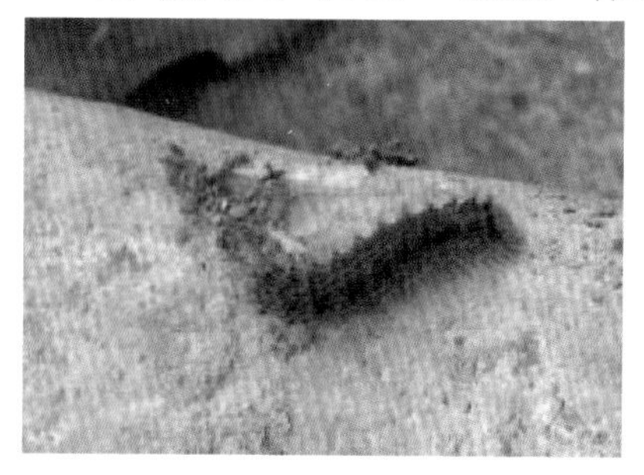

杨毒蛾幼虫（王相宏 摄）

杨毒蛾蛹（王相宏 摄）

杨毒蛾成虫（王相宏 摄）

【生物学特性】安阳地区 1 年发生 2 代，危害期 40d 左右，以 2 龄幼虫在树干基部老翘皮缝隙、粗皮缝及土块、石块下越冬。第 2 年 4 月上中旬开始上树危害，5 月下旬开始化蛹，6 月上旬为化蛹盛期。越冬成虫 6 月上旬开始出现，6 月中下旬为盛期，并开始产卵，6 月下旬为产卵盛期，7 月上旬为末期。6 月下旬第 1 代幼虫开始出现，7 月上中旬为第 1 代幼虫孵化高峰。幼虫 8 月中旬开始化蛹，8 月中下旬为化蛹盛期，9 月上旬化蛹基本结束。8 月下旬成虫开始出现，9 月上旬为出现高峰。8 月下旬成虫开始产卵，9 月上旬为成虫产卵高峰。第 2 代幼虫 9 月中旬开始出现，9 月中下旬为孵化高峰。2 龄期幼虫于 10 月越冬。

成虫有较强的趋光性，幼虫白天下树隐藏，夜晚上树危害，成虫多将卵产在树皮或叶片上，堆积成大的灰白色卵块，最多达到 1100 粒左右。初孵幼虫多隐藏于阴暗处，发育一段时间取食嫩梢叶肉，留下叶脉，受惊扰时，立即停食不动或迅速吐丝下垂，随风飘往其他处后开始上树危害，受到惊吓吐丝下垂随风扩散；大龄幼虫分散取食，进入暴食期，危害剧烈，有明显的群居性。老熟幼虫钻入树干基部老翘皮内、枯枝落叶层下、石块土块下及土壤缝隙处吐丝作茧，幼虫在茧中身体渐渐收缩，进入预蛹期，约3d蜕皮成蛹。

【防治方法】

（1）卵期、成虫期（6月中下旬和9月上旬）：可利用黑光灯进行灯光诱杀。

（2）幼虫期（7月和9月上中旬）：用农药进行防治。利用杨毒蛾白天下树，晚间上树的习性，在树干上涂毒环，药杀幼虫；可用3%高渗苯氧威4000～5000倍液杀卵、用25%阿维灭幼脲2000～2500倍液或2.5%溴氰菊酯1500～2000倍液喷雾防治。

（3）蛹期（10月至翌年6月）：结合翻耕，将蛹翻到土表，使越冬蛹受冻而死，或人工灭蛹。

11 舞毒蛾

【分类地位】舞毒蛾 Lymantria dispar（Linnaeus）属鳞翅目毒蛾科。

【寄主】栎、苹果、柿、梨、桃、杏、樱桃、板栗等，安阳地区以栎树为寄主。

【分布与危害】分布于我国东北、华北、华中、西北地区，在安阳主要分布于林州。

以幼虫危害叶片，该虫食量大，食性杂，严重时可将全树叶片吃光。

【形态特征】

成虫 雌雄异型，雄成虫体长约20mm，前翅茶褐色，有4、5条波状横带，外缘呈深色带状，中室中央有一黑点。雌虫体长约25mm，前翅灰白色，每两条脉纹间有一个黑褐色斑点。腹末有黄褐色毛丛。

卵 圆形稍扁，直径1.3mm，初产为杏黄色，数百粒至上千粒产在一起成卵块，其上覆盖有很厚的黄褐色茸毛。

幼虫 老熟时体长 50 ～ 70mm，头黄褐色有“八”字形黑色纹。前胸至腹部第 2 节的毛瘤为蓝色，腹部第 3 ～ 9 节的 7 对毛瘤为红色。

蛹 体长 19 ～ 34mm，雌蛹大，雄蛹小。体色红褐或黑褐色，被有锈黄色毛丛。

舞毒蛾幼虫（刘晓琳 摄）

【生物学特性】安阳地区 1 年发生 1 代，以卵在石块缝隙或枝干洼裂处越冬，寄主发芽时开始孵化，初孵幼虫白天多群栖叶背面，夜间取食叶片成孔洞，受震动后吐丝下垂借风力传播，故又称“秋千毛虫”。2 龄后分散取食，白天栖息树杈、树皮缝或树下石块下，傍晚上树取食，天亮时又爬到隐蔽场所。雄虫蜕皮 5 次，雌虫蜕皮 6 次，均夜间群集树上蜕皮，幼虫期约 60d，5 ～ 6 月为害最重，6 月中下旬陆续老熟，爬到隐蔽处结茧化蛹。蛹期 10 ～ 15d，成虫 7 月大量羽化。舞毒蛾雌雄成虫均有强烈的趋光性。

【防治方法】

（1）卵期、成虫：摘除卵块，利用黑光灯进行灯光诱杀。

（2）幼虫期：用农药进行防治。利用舞毒蛾晚间上树的习性，在树干上涂毒环，药杀幼虫；可用敌敌畏烟剂和 25% 阿维灭幼脲 2000 ～ 2500 倍液或 2.5% 溴氰菊酯 1500 ～ 2000 倍液喷雾防治。

（3）蛹：将蛹翻到土表，使越冬蛹受冻而死，或人工灭蛹。

12 杨白潜叶蛾

【分类地位】杨白潜叶蛾 Leucoptera susinella（Herrich-Schäffer）属鳞翅目潜蛾科。

【寄主】寄主植物为柳树、杨树等。

【分布与危害】黑龙江、吉林、辽宁、河北、内蒙古、山东、河南均有分布，安阳地区主要分布于安阳县。

【形态特征】

成虫 体腹面及足银白色。头顶有1丛竖立的银白色毛；触角银白色，其基部形成大的“眼罩”。前翅银白色，近端部有4条褐色纹，1～2条、3～4条之间呈淡黄色，2～3条之间为银白色，臀角上有1黑色斑纹，斑纹中间有银色凸起，缘毛前半部褐色，后半部银白色；后翅披针形，银白色，缘毛极长。

卵 扁圆形，长0.3mm，白色，表面具网眼状刻纹。

幼虫 老熟幼虫体长6.5mm，体扁平，黄白色。头部及胴部每节侧方生有长毛3根。前胸背板乳白色。体节明显，腹部第3节最大，后方各节逐渐缩小。

蛹 浅黄色，梭形，长3mm，藏于白色丝茧内。

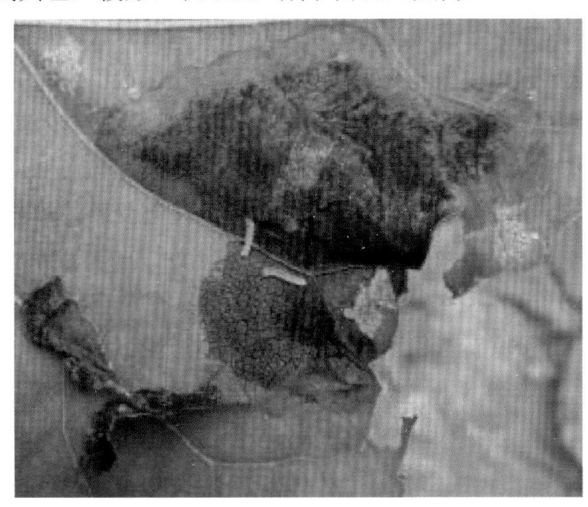

杨白潜叶蛾幼虫（安建宁 摄）

【生物学特性】安阳地区1年发生4代，世代重叠严重，以蛹在树干皮缝等处的“H”形白色薄茧内越冬。翌年4月中旬成虫羽化，以后5月上旬、6月上旬至9月中下旬都有出现，一直危害至10月越冬。

成虫有明显的趋光性，夜间活动。 成虫羽化后通常先停留在杨树叶片基部腺点上， 成虫寿命4～8d，交配后的雌虫飞到杨树嫩叶片正面贴近主脉或侧脉处产卵，卵通常5～7粒排列成行，每头雌虫产卵在3～5张叶片后就死亡。幼虫孵化后从卵壳底面咬孔潜入叶片组织取食叶肉，1张叶片常有幼虫7条以上。幼虫不能穿过主脉，但老熟幼虫可穿过侧脉潜食，被害处形成黑褐色虫斑。23d左右，老熟幼虫在叶背结茧化蛹，但是越冬蛹多在树干缝隙、疤痕等处。

【防治方法】

（1）卵期、成虫期（5～9月）：可应用杀虫灯（黑光灯）诱杀成虫；害虫产卵初期，设赤眼蜂放蜂点每公顷50个，放蜂量25万～150万头。

（2）幼虫期（5～7月）：幼虫孵化盛期喷施25%灭幼脲Ⅲ号1500倍液+40%氧化乐果800倍溶液防治；人工摘除虫叶，集中销毁或深埋。

（3）蛹期（10月至翌年6月）：越冬代成虫羽化前，及时清除落叶，树干涂白。

13 杨银叶潜蛾

【分类地位】杨银叶潜蛾 *Phyllocnistis saligna*（Zeller）属鳞翅目叶潜蛾科。

【寄主】寄主小青杨、小叶杨、欧洲大叶杨、加拿大杨、朝鲜杨、山杨、大官杨、北京杨、欧美杨和毛白杨等，安阳地区主要寄主为杨树。

【分布与危害】 分布于东北、西北、内蒙古、河北、北京、河南、山东、山西等地。在河南全省均有分布，主要分布于安阳北关区、殷都区和安阳县。

在安阳地区主要危害杨树苗木及幼树。初孵幼虫潜入叶片食害叶肉，被害叶片留有弯曲的虫道。影响叶片的光合作用，发生严重时，整个叶片仅留叶皮及叶脉。

【形态特征】

成虫 成虫全体银白色，体长 3.5mm，翅展 6 ～ 8mm。复眼黑色，触角密被银白色鳞片，基节大而宽，前翅中央有两条褐色纵纹，其间呈金黄色，后翅窄长，先端渐细，缘毛细长呈灰白色，腹部与体色相同，腹部可见 6 节，雌蛾腹部肥大，雄蛾腹部渐细。

卵 卵灰白色，扁椭圆形，长径约 0.3mm，短径约 0.2mm。

幼虫 幼虫浅黄色，老熟幼虫体长约 6mm。体表光滑，足退化，头及胸部扁平，体节明显，以中胸及腹部第三节最大，向后渐次缩小，头部窄小，口器向前方突出。

蛹 蛹淡褐色，长约 3.5mm。

【生物学特性】杨银叶潜蛾在河南一年发生 4 代，最后一代幼虫在被害叶内化蛹越冬。翌年 3 ～ 4 月开始活动危害，一直危害至 10 月越冬。

此虫在顶芽的尖端或嫩叶上产卵，杨树从放叶到封顶，每展 1 次叶，在顶芽的尖端都有成虫产卵。成虫白天栖息于距地面 20cm 高处的叶片背面或枯枝落叶层中，一受惊扰，随即起飞。飞翔力弱，飞行于植株间。通常在午后产卵，尤以 17 时左右最多。卵散产，每个叶片上产卵 1 ～ 3 粒，多为 1 粒。幼虫孵出后突破卵壳，在表皮下取食，幼虫靠体节的伸缩而移动，蛀食后留有弯曲的虫道，幼虫期最短 6 ～ 17d。老熟幼虫在虫道末端吐丝，将叶向内折约 1mm，做成近椭圆形的蛹室，在其中化蛹。蛹在合适的条件下经 11 ～ 12d 羽化为成虫，成虫寿命较短（越冬成虫除外），为 7 ～ 8d。

【防治方法】

（1）卵期、成虫期：在成虫盛期可应用黑光灯诱杀成虫；害虫产卵初期，设赤眼蜂放蜂点每公顷 50 个，放蜂量 25 万～ 150 万头。

（2）幼虫期（3 ～ 8 月）：幼虫孵化盛期喷施 50% 马拉硫磷乳油 1000 ～ 1500 倍液，或 50% 杀螟松乳油 1500 ～ 2000 倍液。

（3）蛹期（10 月至翌年 6 月）：越冬前，人工摘除虫叶，及时清除落叶，集中销毁或深埋。

14 枣镰翅小卷蛾

【分类地位】枣镰翅小卷蛾 Ancylis sativa（Liu）属鳞翅目卷蛾科。

【寄主】寄主为枣树，在安阳地区发现于枣树上。

【分布与危害】中国各枣区均有发生，河南省均有分布，安阳地区主要分布于内黄县。

枣镰翅小卷蛾代数多，发生量大，以幼虫食害枣芽、枣花、枣叶，并蛀食枣果，导致枣花枯死、枣果脱落，发生较重时会引起严重减产甚至绝收。

【形态特征】

成虫　体长约 7mm，翅展约 14mm 左右，体和前翅黄褐色，略具光泽。前翅长方形，顶角突出并向下呈镰刀状弯曲；前缘有黑褐色短斜纹 10 余条，翅中部有黑褐色纵纹 3 条。后翅深灰色，缘毛细长，前、后翅缘毛均较长。

卵　扁平椭圆形，鳞片状，极薄，长约 0.6mm，表面有网状纹，初为黄白色，后变红黄色，最后变为黑橘色。

幼虫　初孵幼虫体长约 0.8mm，头部大，黑褐色；前胸背板、臀板和前胸足红褐色；胴部黄白色。老熟幼虫体长 12 ～ 15mm，头部赤褐色，有花斑。

蛹　长 6 ～ 7mm，初为绿色，渐呈赤褐色，腹部各节背面前后缘各有 1 列齿状突起，腹末有 8 根弯曲呈钩状的臀棘。茧灰白色。

枣镰翅小卷蛾幼虫（董玖莉 摄）

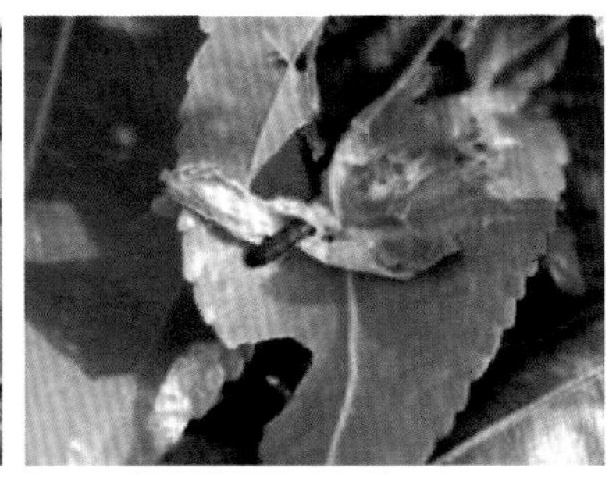

枣镰翅小卷蛾蛹（董玖莉 摄）

【生物学特性】在安阳1年发生3代，以蛹在枝、干皮裂缝内越冬。翌年3月越冬蛹开始羽化，2～4d后开始交配、产卵，4月上、中旬达盛期，5月上旬第1代幼虫进入危害盛期，5月下旬开始化蛹，6月上旬始见成虫及第2代卵，第2、3代卵主要产在叶面主脉两侧，6月中旬枣树开花时正值第2代幼虫始发期。第2代成虫于7月下旬至8月下旬开始，7月下旬至10月上中旬为第3代幼虫始发期。9月上旬幼虫逐渐进入老熟，进入各种缝隙中化蛹越冬。

成虫在白天羽化，羽化后蛹壳半截露在茧外，羽化率为80%～87%，雌雄性比为1∶1。有较强的趋光性。成虫白天多静伏于枣叶中，夜晚交尾、产卵，交尾后1～2d即产卵。卵多散产，越冬代将卵产在光滑的枣枝上，其余各代产在叶子上，80%以上产在枣叶的正面。以第1代成虫产卵数量最多，每头雌虫平均产200多粒卵。各代幼虫均吐丝连缀枣花、枣叶及枣吊，隐蔽在里面危害。第1代幼虫主要危害嫩芽和叶片，第2代幼虫危害叶、花蕾、花和幼果。第3代幼虫危害叶和果实，还常将1、2片枣叶粘在枣上，在其中危害枣的果皮或果肉，造成落果。幼虫经过4次蜕皮变为老熟幼虫。第1～2代老熟幼虫在卷叶内结茧化蛹，蛹期约9d。第3代老熟幼虫于9月上旬至10月上中旬，从被害叶中爬出，寻找越冬场所，进入各种缝隙中化蛹越冬。

【防治方法】

（1）卵期、成虫期（3～4月）：在成虫羽化期设置灯光诱杀成虫，也可用性诱剂诱捕或用迷向法进行防治。

（2）幼虫期（5～7月）：①在枣粘虫第2、第3代卵期，每株释放松毛虫赤眼蜂3000～5000头，寄生率可达85%左右。②在第1代幼虫出现期（一般为枣芽长2～3cm、叶展3～4片时），用每毫升含0.5亿孢子的青虫菌液喷洒，或喷洒杀螟杆菌100～200倍液。也可用90%敌百虫1000～1500倍液，或2.5%溴氰菊酯乳油4000倍液防治幼虫。③老熟幼虫开始下树越冬前，在枝干分杈处捆扎草把、草绳、麻袋片等，诱其越冬，落叶后取下集中烧掉。

（3）蛹期（9月至翌年3月）：枣镰翅小卷蛾越冬蛹以主干粗

皮裂缝内最多，侧枝最少，因此在冬、春两季刮掉树上的所有翘皮并集中销毁，可消灭枣树皮下 80% 以上的越冬蛹。冬季落叶后至春季发芽前多用泥堵塞树干上的疤洞，并刮除老翘皮集中烧掉。

15 黄翅缀叶野螟

【分类地位】黄翅缀叶野螟 Botyodes diniasalis（Walker）属鳞翅目螟蛾科。

【寄主】危害杨树、柳树等，在安阳地区危害杨、桃、刺槐等。

【分布与危害】国内分布于黑龙江、吉林、辽宁、北京、河北、河南、陕西、宁夏、山西、山东、江苏、安徽、上海、广东等地。安阳地区主要分布于安阳县和内黄县。

主要以幼虫取食叶片，受害叶被幼虫吐丝缀连，呈“饺子”状或筒状，受害枝梢呈“秃梢”。

【形态特征】

成虫　体长 12mm 左右，翅展 29mm 左右，体翅均为橙黄色，触角淡褐色。前翅具灰褐色、断断续续的波状横纹，其内侧有黑斑，外侧有一短线，前后翅外缘呈较宽的灰褐色边，腹部橙黄色，雄蛾尾末有褐色毛丛。

卵　乳白色，近孵化时黄白色，卵粒排成鱼鳞状，集成块或长条。

幼虫　老熟幼虫体长 19mm，黄绿色，头两侧近后缘各有一黑褐色斑点，与胸部两侧的斑纹形成一条纵纹，体两侧各有一条浅黄色纵带。

蛹　长 15mm，宽 4mm，淡黄褐色，外被白丝薄茧。

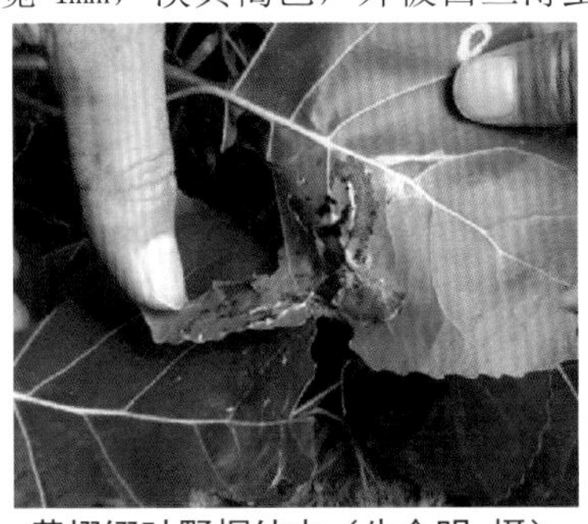

黄翅缀叶野螟幼虫（牛金明　摄）

【生物学特性】黄翅缀叶野螟一般 1 年发生 4 代，世代重叠，以小幼虫在树皮缝、枯落物及土缝中结茧越冬。翌年 4 月寄主萌芽后上树取食，越冬代成虫 6 月上旬开始羽化；第 1 代成虫 7 月上旬至 8 月上旬出现，第 2 代成虫 8 月上旬至 9 月上旬出现，第 3 代成虫出现于 8 月下旬至 10 月中旬。最后一代幼虫 10 月底先后越冬。

成虫白天隐伏，夜晚活动，趋光性强。卵产于叶背，以主脉两侧最多，卵成块，每卵块有 50 ～ 100 粒卵。幼虫孵化后分散啃食叶表皮，随后吐丝缀嫩叶呈“饺子”形状或在叶缘吐丝将叶折叠，藏在其中取食。幼虫极活泼，遇惊即弹跳逃跑或吐丝下垂，老熟幼虫在叶卷内结薄茧化蛹。以初龄幼虫在枯落层中及树皮缝隙间结茧进行过冬。7 ～ 8 月阴雨连绵年份危害严重，短期内就可以把嫩叶吃光，形成“秃梢”。蜜源植物近处杨树受害严重。

【防治方法】

（1）卵期、成虫期（6 月）：根据成虫趋光性强的特点，在成虫羽化期利用黑光灯诱杀成虫；可以设置蜜源集中杀死。

（2）幼虫期（7 ～ 9 月）：根据幼虫在树梢群集缀叶的特点，可喷洒药剂防治，喷药重点为嫩梢部位。利用森得保可湿性粉剂 1200 倍液、5％吡虫啉 3000 倍液、3％苯氧威乳油 2000 倍液等均有良好的防治效果。

（3）蛹期（10 月至翌年 4 月）：结合抚育管理，及时清除落叶，杀死越冬幼虫。

16 扁刺蛾

【分类地位】扁刺蛾 Thosea sinensis（Walker）属鳞翅目刺蛾科。

【寄主】寄主为枣、苹果、梨、桃、梧桐、枫杨、白杨、泡桐等多种果树和林木，在安阳地区主要危害杨树、黄连木等。

【分布与危害】国内分布在东北、华北、华东、中南地区以及四川、云南、陕西等省均有发生。安阳地区主要分布于林州市和内黄县。

扁刺蛾以幼虫取食叶片为害，稍大食成缺刻和孔洞，发生严重时，可将寄主叶片吃光，造成严重减产。

【形态特征】

成虫 体翅灰褐色。后翅颜色淡，体长 15 ～ 18mm，翅展 25 ～ 35mm。前翅 2/3 处有褪色横带，雄蛾前翅中央有一黑点。前后翅的外缘有刚毛。

卵 卵长椭圆形，淡黄绿色，孵化前呈灰褐色。

幼虫 体长 22 ～ 35mm，扁平椭圆形，背部隆起。每体节有 4 个绿色枝状毒刺，其中，虫体两侧边缘的 1 对较大。亚背线上的 1 对较小。中背线灰白色，体背中央两侧各有 1 个明显的红点。

蛹 长椭圆形；灰白色，羽化前转褪色。

扁刺蛾幼虫（董玖莉 摄）

【生物学特性】在北方地区 1 年发生 1 代，以老熟幼虫在树下 3 ～ 6cm 土层内结茧化蛹越冬。一般 5 月中旬开始化蛹，6 月上旬羽化、产卵，6 月中旬至 9 月上中旬幼虫发生危害。8 月危害最重，8 月下旬开始陆续老熟入土结茧越冬。

成虫具有很强的趋光性，成虫羽化多于黄昏进行，羽化后稍息，即可飞翔及交尾， 至次日晚上产卵。卵散产于叶片上，且多产于叶面，卵期为 6 ～ 8d。幼虫共 8 个龄期，初孵幼虫不取食，2 龄幼虫啮食卵壳和叶肉，4 龄以后逐渐咬穿表皮，6 龄起自叶缘蚕食叶片。老熟幼虫早晚沿树干爬下，于树冠附近的浅土层、杂草丛、石砾缝中结茧。

【防治方法】

（1）卵期、成虫期（6 月上中旬）：大部分刺蛾成虫都具有较强的趋光性。因此，在刺蛾成虫羽化期，于每天 19 ：00 ～ 21 ：00 可设置黑光灯诱杀成虫。

（2）幼虫期（6 月下旬到 9 月上中旬）：多数于晚上或清晨下地，可于清晨扑杀下地的老熟幼虫，以减少下一代的虫口密度；刺蛾幼龄幼虫抵抗力弱，可用干黄泥粉喷杀。5 龄以上幼虫可用 90% 敌百虫 1000 倍液喷杀。

（3）蛹期（5 月）：用敲、挖、翻等方法，铲除越冬虫茧，可有效地降低翌年的虫口密度。

17 白条紫斑螟

【分类地位】白条紫斑螟 Calguria defiguralis（Walker）属鳞翅目螟蛾科。

【寄主】寄主主要为桃树、杏树和李树，安阳地区主要寄主为桃树。

【分布与危害】国内分布在河北、湖北、江西、湖南、福建、广东、四川、云南、西藏。安阳地区主要分布在内黄县。

幼虫啮食叶肉和表皮后在梢端吐丝拉网缀叶成巢，常数头至 10 余头群集巢内食叶成缺刻与孔洞，虫巢随虫龄增长而扩大。丝网上常黏附许多粪粒。

【形态特征】

成虫 长约 9mm，翅展约 19mm，体灰色至暗灰色；各腹节后缘淡黄褐色；触角丝状；雄虫鞭节基部有暗灰色至黑色长毛丛，略呈球形；前翅暗紫色，后翅灰色，外缘色暗。

卵 直径约 0.9mm，椭圆形，略扁长，淡黄白色至淡紫红色。

幼虫 长约 16mm，头灰绿色，有黑斑纹，体多为紫褐色，前胸盾灰绿色，黑褐色，两侧各具 2 条淡黄色云状纵线，臀板暗褐色或紫黑色；低、中龄幼虫体多为淡绿，头部有浅褐色云状纹，两侧各有 2 条黄绿色纵线。

蛹 长约 9mm，头胸和翅芽翠绿色，腹部黄褐色，背线浅绿色。

白条紫斑螟（董玖莉 摄）

【生物学特性】安阳地区 1 年发生 2 代。大多数以蛹在树冠下表土层中越冬，少部分在皮缝和树洞中越冬。越冬成虫在 5 月上旬到 6 月中旬羽化。第 1 代幼虫 5 月下旬开始出现，6 月下旬开始老熟入土结茧化蛹，第 1 代成虫发生期为 7 月上旬至 8 月上旬，蛹期 15d 左右。第 2 代卵 7 月中旬开始孵化，8 月中旬老熟入土结茧化蛹越冬。

成虫有趋光性和趋化性。成虫白天潜伏于枝叶上，夜晚活动。成活羽化后 3 天交尾产卵，卵多散产在枝条上部叶片背面近基部主脉两侧，少数 2 ～ 3 粒在一起。初孵幼虫于叶背啃食表皮和叶肉，稍大多在枝梢端部或吐丝缀叶成巢于内为害，常数头群集为害， 将叶片食成缺刻与孔洞，并将叶柄咬断。丝幕上常粘有大量虫粪，幼虫活泼，遇惊扰则迅速吐丝下垂。

【防治方法】

（1）卵期、成虫期（5 月中旬至 6 月中旬、7 月上旬至 8 月上旬）：白条紫斑螟成虫具有较强的趋光性。因此，在成虫羽化期，可设置黑光灯诱杀成虫。

（2）幼虫期 (5 月下旬至 6 月下旬)：在卵孵化后及幼虫结网前，叶面喷洒 50% 马拉硫磷乳油，或 50% 杀螟松乳油 1500 倍液、10% 氯氰菊酯乳油或杀螟菊酯乳油 1000 ～ 1500 倍液。

（3）蛹期（6 月下旬至 7 月、8 月中旬至翌年 5 月）：冬、春季翻树盘，利用低温、鸟食消灭树冠下层越冬蛹。

18 杨二尾舟蛾

【分类地位】 杨二尾舟蛾 Cerura menciana（Moore）属鳞翅目舟蛾科。

【寄主】 主要为害杨树与柳树，安阳地区主要危害杨树。

【分布与危害】 杨二尾舟蛾在我国东北、华北、华东及长江流域均有分布，河南全省均有分布，安阳地区均有分布。

以幼虫取食树木叶片为害，老熟幼虫在树干处，分泌黏物，将咬碎的树皮粘合成椭圆形硬茧壳。严重时常把树叶吃光，影响植株生长。

【形态特征】

成虫 体灰白色，体长 29mm 左右，翅展 75 ～ 80mm。头胸部灰白带有紫褐色，胸背部有 6 个黑点组成 2 个排列，翅基片有 2 个黑点。前翅有黑色花纹，具 1 个镰刀状的环状纹。翅基部有 3 个黑点，亚基线有 7 个黑点，内横线在中室下，中室内有 1 黑环，前缘处为半个黑环；中横线和外横线亦为双道深锯齿状纹，翅外缘在各脉间有黑点；后翅颜色较淡，翅上有 1 个黑斑，翅脉黑褐色，横脉纹黑色。

卵 直径约 3.0mm，圆馒头状，红褐色，中央有 1 深褐色点。

幼虫 老熟幼虫体长一般为 50mm，最长可达 53mm。头呈褐色正方形，深褐色，两颊具黑斑；前胸背板大而坚硬，后面有 1 个紫红色三角形斑纹，臀足特化呈尾状，密生小刺，有翻缩腺自由伸出及缩进，末端赤褐色。

蛹 长 25mm 左右，呈椭圆形，褐色，体有颗粒状突起，尾端钝圆。

杨二尾舟蛾幼虫（王相宏 摄）

【生物学特性】该虫在安阳地区1年发生3代，世代重叠严重，以蛹在树干近基部的茧内越冬。第2年3月下旬成虫出现，5月上旬第1代幼虫开始出现，6月中旬和下旬第1代成虫出现，7月下旬到8月中旬第2代成虫出现，9月上旬第3代幼虫开始危害，下旬老熟结茧化蛹越冬。

有趋光性，成虫多在16时开始羽化，18时羽化量最大，21时羽化结束。在羽化的当晚进行交配，多数交配1次，卵多产于叶片上。产卵时间可持续约12d，幼虫历期为1个月左右。幼虫受惊后，尾部翻出臀足，并不断摇动，以示警戒。4龄为暴食期，5龄食叶量最大，约占80%。老熟幼虫于枝干分叉处或树干啃咬树皮、木屑，吐丝粘连在被啃凹陷处结茧。

【防治方法】

（1）卵期、成虫期（4～8月）：杨二尾舟蛾成虫具有较强的趋光性，可用灯光诱杀成虫。

（2）幼虫期（4～8月）：在3龄期前喷洒BT乳剂500倍液，或青虫菌6号悬浮剂1000倍液，或25%灭幼脲悬浮剂1500倍液，或0.2%阿维菌素2000～3000倍液等。

（3）蛹期（10月至翌年3月）：结合冬春树木管理，人工在树干部用木锤砸茧，杀死越冬蛹。

19 金纹小潜细蛾

【分类地位】金纹小潜细蛾Phyllonarycter ringoniella（Matsumura）属鳞翅目细蛾科。

【寄主】主要寄主为苹果，其次是海棠、沙果、梨、桃、樱桃、李、槟子等，安阳地区主要危害苹果。

【分布与危害】我国的辽宁、河北、河南、山东等苹果栽植省份均有分布。在安阳地区均有分布。

以幼虫潜食为害寄主叶片，在叶片上形成虫斑，减少叶片光合作用面积。发生严重时，一张叶片上有十几个虫斑，导致果树提前落叶，果实生长受阻或脱落，影响产量和结果。

【形态特征】

成虫 体长 2.5mm，翅展 6.5mm，前翅狭长、披针形，金黄色，前翅端部前后缘各有 3 条白、褐相间的放射状条纹，后翅灰色、尖细，缘毛很长，头部银白色，顶端有两丛金色鳞毛，复眼黑褐色。

卵 半透明，扁椭圆形，长 0.3mm，乳白色至暗褐色，有光泽。

幼虫 老熟幼虫体长 6mm，体稍扁，细纺锤形，淡黄绿色至黄色，胸足及尾足发达，3 对腹足不发达。

蛹 体长 4mm，梭形，黄褐色，翅、触角、第 3 对足先端裸露，长达第 8 腹节。

金纹小潜细蛾危害状（董玖莉 摄）

【生物学特性】该虫在安阳地区 1 年发生 6 代，以老熟幼虫在受害叶虫斑内化蛹越冬。越冬代成虫在该地 3 月上旬末始见，3 月底 4 月初有一数量高峰，但多为无效蛾，危害甚小，发生盛期在 4 月中旬；1 代成虫盛期在 5 月下旬；2 代成虫盛期在 6 月下旬；3 代成虫盛期在 7 月中下旬；4 代成虫盛期在 8 月中下旬至 9 月上旬；5 代成虫盛期在 10 月中下旬；6 代幼虫至 11 月中旬老熟，在受害叶虫斑内化蛹越冬。每代历时约一个月左右，后期有世代重叠现象，一般不易区分。金纹小潜细蛾 2 ～ 4 代为主害世代。

成虫喜在清晨或傍晚围绕枝叶飞舞，交尾、产卵，趋光性不强。成虫羽化后将蛹皮带出半截露在表皮外。一般于羽化后次日 5 ～ 6 时开始交配，交配持续 1.5 ～ 3h，多数成虫一生交配 1 次，少数 2 次。

交配结束后不久即行产卵，卵单个散产，多数产在叶片背面。卵期11～13d，幼虫孵化后直接从卵壳下蛀入叶肉内取食为害，随着虫体长大，叶片正面出现筛网状斑，下表皮纵皱，叶面拱起成长椭圆形虫苞。老熟幼虫在虫斑内化蛹，蛹期8～10d。

【防治方法】

（1）卵期、成虫期：结合修剪，将树冠下的山定子剪去，以防山定子上第1代成虫羽化后转移到果树上产卵，减少第1代成虫发生数量。

（2）幼虫期：每年第1代成虫和第2代初孵幼虫发生期，可选用40%水胺硫磷乳油1000倍液、30%桃小灵乳油1500倍液、25%灭幼脲三号悬浮剂2000倍液喷洒。

（3）蛹期：清扫落叶，在越冬成虫羽化前，消灭越冬蛹这一虫源；压土灭蛹，山地、沙滩地、土层浅的果园，冬季可以从别处运来较好的土壤，加厚土层。

20 柳蓝叶甲

【分类地位】柳蓝叶甲 Plagiodera versicolora（Laicharting）属鞘翅目叶甲科。

【寄主】主要为害柳树、杨树、玉米、大豆、棉花、桑等，在安阳地区主要危害柳树。

【分布与危害】分布于河南、黑龙江、吉林、辽宁、内蒙古、甘肃、宁夏、河北、山西、陕西、山东、江苏等地。安阳地区均有分布。

柳蓝叶甲幼虫啃食叶肉，导致叶片成灰白色网状，成虫危害叶片，致叶片缺刻，严重时将叶片吃光；潮湿时成虫粪便黏附在叶片上。

【形态特征】

成虫 体长3.5～5mm，蓝色，卵圆形，有金属光泽，头部横阔，触角1～6节细小，7～11节粗大，褐色至深褐色，有细毛；复眼黑褐色，前胸背板横阔光滑。鞘翅上密生略成行列的细刻点，体腹面及足色较深，具光泽。

卵 宽约0.16mm，长约0.7mm，椭圆形，初产时橙黄色，孵化时橘红色，成堆状黏于叶面上。

幼虫 灰褐色，全身有黑褐色凸起状物，胸部宽，体背每节具4个黑斑，两侧具乳突，黑色，每体节上生长有一定数量的肉质毛瘤，老熟幼虫体长7mm左右。

蛹 长4mm，椭圆形，黄褐色，腹部背面有4列黑斑。

柳蓝叶甲危害状（刘晓琳 摄）

柳蓝叶甲成虫（王玉峰 摄）

柳蓝叶甲幼虫（刘晓琳 摄）

柳蓝叶甲成虫和卵（刘晓琳 摄）

【生物学特性】柳蓝叶甲第1代虫态较为整齐，但从第2代起世代重叠发生，在安阳每年发生4～5代。成虫于翌年3月底至4月上旬开始活动，不断取食幼嫩叶片和幼芽补充营养，部分成虫开始产卵。第1代幼虫4月下旬出现，初孵幼虫多群集剥食叶肉，致被害处灰白半透明。大龄幼虫分散危害，可直接蚕食幼嫩叶片和幼芽，老熟幼虫附于叶片化蛹，蛹期15d左右。盛发期为每年7月下旬到8月中旬，10月下旬成虫进入越冬期。柳蓝叶甲在柳树较多、集中的地方大量发生。

柳蓝叶甲白天活动，具有假死性、群栖性；有一定的飞翔能力，可近距离迁飞。以大小不同、老幼不一的成虫在树干基部、草丛、土缝或树干皮缝内越冬。翌年春，柳树发芽时出蛰活动，取食 5d 后开始交配产卵，交配活动 7 ～ 9 时最旺，交配 1 次产卵 1 次。卵经 8d 左右孵化，幼虫孵出后，多群集危害，啃食叶肉，被害处灰白色透明网状。幼虫共 4 龄，经 5 ～ 10d 老熟，以腹末黏附于叶上化蛹，蛹期 3 ～ 5d。此虫发生极不整齐，从春季到秋季都可见到成虫和幼虫活动。

【防治方法】

（1）卵期、成虫期：利用成虫假死性，于清晨气温较低时，振落捕杀；在成虫下树越冬和翌年成虫上树前，用溴氰菊酯制成毒环（拟除虫菊酯∶水∶石膏粉∶滑石粉 =1 ∶ 2 ∶ 42 ∶ 40.5）、毒绳等涂扎于树干基部，以阻杀爬经毒环、毒绳的成虫。

（2）幼虫期：幼虫初上树期，喷洒 1.2% 烟参碱 1000 倍液，或 10% 吡虫啉可湿性粉剂 2000 倍液喷雾；在郁闭度较大林分可施用杀虫烟雾剂。用氧化乐果乳油、吡虫啉等内吸（杀）虫药剂在树干基部打孔注药，每胸径 1cm 注入药液 1 ～ 1.5mL，一般打孔的深度为 3 ～ 4cm。

（3）蛹期：成虫越冬前，应及时清除落叶、杂草，减少其越冬场所；在老熟幼虫下、树化蛹越冬期间，可在化蛹场所如树冠下土壤进行翻耕、松土，并可同时施用 1% 对硫磷粉剂拌土混和，可有效减少蛹的数量。

21 枣飞象

【分类地位】枣飞象 Scythropus yasumatsui（KonoetMorinot）属鞘翅目象甲科。

【寄主】主要为害枣、桃、樱桃等果树，安阳地区主要危害枣树。

【分布与危害】主要分布于河南、河北、陕西、山西、山东等各地枣区。安阳地区主要发现于内黄县。

成虫群集嫩芽及幼叶上啃食，嫩芽受害后尖端光秃，呈灰色，手触之发脆，长时间不能重新萌发。

【形态特征】

成虫　体长约 4mm，灰白色，雄虫色较深。头管粗，末端宽，背面两复眼之间凹陷，前胸背面中间色较深，呈棕灰色。鞘翅弧形，每侧各有细纵沟 10 条， 两沟之间有黑色鳞毛，鞘翅背面有模糊的褐色晕斑，腹面银灰色，后翅膜质，能飞翔。

卵 椭圆形，初产时乳白色，后变棕色。

幼虫 乳白色，体长 5mm，略弯曲，无足。

蛹 灰白色，长约 4mm。

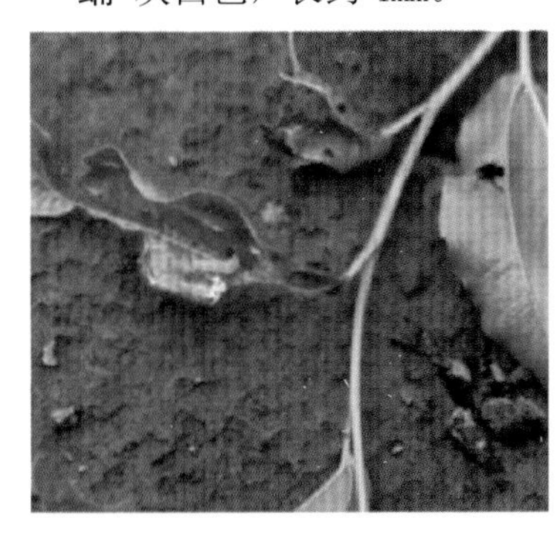

枣飞象幼虫（董玖莉 摄）

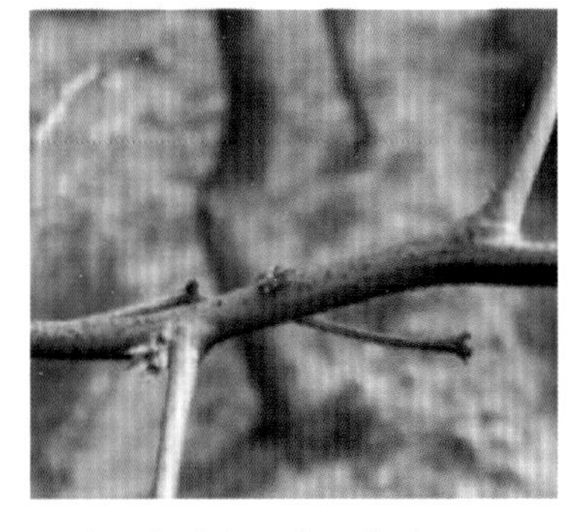

枣飞象成虫（董玖莉 摄）

【生物学特性】枣飞象每年发生 1 代，以幼虫在土壤中越冬，翌年 3 月下旬至 4 月上旬化蛹。4 月中旬至 6 月上旬羽化、交配、产卵，成虫羽化后即出土食害嫩芽，芽受害后长时间不能重新萌芽，重发的新芽枣节生长短，仅能结少量晚枣且质量差。幼叶展开后，枣飞象可将叶尖咬成半圆或锯齿状缺刻。5 月上旬至 6 月中旬幼虫孵化入土食植物幼根，秋后越冬。

成虫有很强的假死性，受惊时则从树上坠落，多在早晚活动危害，中午静止不动。成虫有多次交尾的习性，最多达 4 次，雌成虫产卵多在白天进行，高峰在 10 ～ 12 时及 14 ～ 16 时。卵成块产于枣树嫩芽、叶面、枣股、翘皮下及枝痕裂缝内，每块 3 ～ 10 粒，每头雌虫产卵约 100 粒，卵期 12d 左右。幼虫孵出后，沿树干下树，潜入土中，取食植物细根，秋后下迁至 30cm 土层越冬，第 2 年气温回升时，再上升至 20cm 以上土层中活动。化蛹时，在距地面 3 ～ 5cm 深处做土室，最深不超过 10cm。

【防治方法】

（1）卵期、成虫期（4 ～ 6 月）：当成虫集聚树上危害时，可喷洒 50% 敌敌畏乳油 500 倍液，或 50% 杀螟松乳油 1000 倍液。也可在树干周围撒一圈 2.5% 敌百虫粉剂，每株成树撒 150 ～ 250g 药粉，每次洒药后于清晨振枝使虫落地，再上树时经过药带中毒死亡。

（2）幼虫期（5 月上旬至 6 月中旬）：3 月底幼虫未化蛹前，结合春耕每亩施用 5% 辛硫磷颗粒剂 2 ～ 3.5kg，经过犁耙，使药粉与幼虫接触；在树干上涂 20cm 宽的废机油毒环，阻杀下树幼虫，效果也好。

22 柳瘿叶蜂

【分类地位】柳瘿叶蜂 Pontania bridgmannii（Cameron）属膜翅目叶蜂科。

【寄主】主要是垂柳、旱柳、龙爪柳等柳树，在安阳地区主要危害柳树。

【分布与危害】国内分布于辽宁、吉林、内蒙古、陕西、山东、河北、四川、天津、北京等地，安阳地区均有分布。

以幼虫啃食叶片为主，受害部位逐渐肿起，最后形成肾形或椭圆形绿褐色虫瘿。最初叶近边缘处出现红褐色小虫瘿，主要集中在寄主植物中下部位，越往树的下部虫瘿越多，并连成串，从而影响树叶的光合作用。

【形态特征】

成虫 雌性体长 5 ～ 8mm，翅展 13 ～ 17mm。触角黄色，基部 3 节色较深；单眼三角、单眼后区、中胸背板前盾片及盾片近中央纵条、后胸背板、腹部背板前缘大部分均黑色；前翅前缘脉、亚前缘脉 + 胫脉（S+R）、翅痣均深黄色，其余翅脉黑色。锯鞘侧面观察上下缘完整，尖端钝圆；背面观察两侧向尖端收缩，后足胫节与跗节等长。爪两分裂，雄性尚未发现。

卵 椭圆形，初产时乳白色，后变棕色。

幼虫 体长 6 ～ 14mm，圆柱形，稍弯曲，头金黄色，腹足一对。

蛹 黄白色，长约 4mm，外被褐色丝质茧，茧长椭圆形。

柳瘿叶蜂危害状（王玉峰 摄）

【生物学特性】在安阳1年1代，以老熟幼虫在土中结一白茧过冬。第2年4月上中旬羽化，羽化后即可进行孤雌生殖。产卵于寄主叶片边缘的组织中，每处产卵1粒。卵期约8d，幼虫孵化后在叶片的上下表皮之间取食叶肉。4月中旬末受害部位逐渐肿起，同时叶片边缘出现红褐色小虫瘿，并在主脉与叶缘之间逐渐膨大、加厚鼓起，呈椭圆形或肾脏形，长约12mm，宽约6mm。幼虫有6～7龄，在瘿内一直危害到11月初，随落叶落在地上，从瘿内爬出，钻入土中做茧越冬。

【防治方法】

（1）卵期、成虫期（4月）：①在叶片边缘出现红褐色小虫瘿时采用40% 氧化乐果乳油1000倍液和20%毒死蜱、辛乳油1000倍液于树冠喷雾。②保护啮小蜂、宽唇姬蜂等天敌。

（2）幼虫期（5～11月）：①结合修剪，人工摘除带虫瘿叶片，或秋后清除处理落地虫瘿，并烧毁。②在幼虫脱壳入土期，以树干为中心铺设塑料薄膜，薄膜铺设要大于树冠垂直幅度，并在薄膜四周涂抹黄油，防止脱壳老熟幼虫爬出，塑料薄膜周边用土压实。

23 杨扁角叶爪叶蜂

【分类地位】杨扁角叶爪叶蜂 Stauronematus compressicornis （Fabricius）属膜翅目叶蜂科。

【寄主】主要是杨树。

【分布与危害】国内分布于新疆（天山西部伊犁地区）、河南和山东等地，在安阳地区主要发现于内黄县和林州市。

该虫以幼虫取食叶片，1、2龄幼虫群集取食，被害部呈针尖状小圆孔，3龄以后食量大增，分散危害，常将大片叶肉吃光，仅残留叶脉，呈不规则的孔洞。幼虫取食时分泌白色泡沫状液体，凝固成蜡丝，蜡丝长约3mm，蜡丝留于食痕周围，形似栏杆。

【形态特征】

成虫 雄虫体长5mm左右，翅展约11mm，雌虫约8mm，翅展13mm左右。虫体黑褐色，有金属光泽，披稀疏的白色短绒毛。触角9节，黑褐色，披较密的黑色短绒毛，第1、2节的总长约为第3节的1/4，3～8节端部横向加宽似一直角，基部一侧向内收缩，中胸背板有一褐色斑。翅透明，翅痣黑褐色，翅脉淡褐色。前足基节基部，前、中足跗节端部，后足胫节端部、跗节均为褐色，其余为黄色。

卵 椭圆形，长约1.4mm，宽约0.3mm，乳白色，表面光滑。

幼虫 初孵幼虫体长1.9mm左右，以后各龄分别为3mm、4.5mm、6.5mm、10mm左右。头部黑色，头顶绿色，胸足黄绿色。体鲜绿色，胸部每节两侧各有4个黑斑，胸足黄褐色，身体上有许多不均匀的褐色小圆点。

蛹 开始为绿色，之后逐渐转变为褐色，口器、足、触角、翅均为乳白色。雌茧长约7.5mm，雄茧长约5mm。

杨扁角叶爪叶蜂（董玖莉 摄）

【生物学特性】1 年发生 7 ～ 8 代，每年 3 月中、下旬化蛹，4 月中旬成虫羽化，第 1 代成虫 5 月中旬羽化，6 月发生第 2、3 代成虫，7 月发生第 4、5 代成虫，8 月发生第 6 代成虫，9 月发生第 7 代成虫。成虫羽化后第 2 天即产卵。10 月中、下旬，老熟幼虫下树入土，在表土层结褐色丝茧越冬。以老熟幼虫在浅层（2 ～ 4cm）土壤内结茧越冬。

成虫多在午后羽化出土，羽化率为 90%，雌雄性比为 1 ∶ 3。成虫爬行上树，飞到枝叶上，受惊动落地后，多数腹面朝上。卵产于叶背面主脉两侧皮层下，每处 1 ～ 2 粒。卵经 3 ～ 5d 后孵化出幼虫，孵化率平均达 90%。第 3 ～ 5 代有孤雌生殖现象。幼虫每个龄期多为 1 ～ 2d，共 5 龄。幼虫有假死性，受惊时向叶背面转移，腹部不断左右摆动。老熟幼虫沿枝干爬行到地表化蛹。

【防治方法】

（1）卵期、成虫期：利用成虫取食花蜜习性，可以喷洒 50% 敌敌畏乳油 2000 倍液。

（2）幼虫期：在初孵幼虫期，喷洒 25% 灭幼脲III号 1500 倍、50% 杀螟松乳油 1000 倍、1.8% 阿维菌素乳油 3000 倍、2.5% 氯氰菊酯乳油 5000 倍液杀灭幼虫。同时，保护利用好天敌。利用打孔注干机或手工钻等在树干基部的不同方向打 3 ～ 4 个孔，孔内注入内吸传导性强的 40% 氧化乐果乳油，或 10% 吡虫啉乳油等。

（3）蛹期：地面旋耕，3 月中旬以前对林下进行旋耕，杀死虫蛹。

24 河曲丝叶蜂

【分类地位】河曲丝叶蜂 Nematus hequensis（Xiao）属膜翅目叶蜂科。

【寄主】主要危害柳树。

【分布与危害】国内分布于山西、内蒙古、陕西、甘肃和北京等地，2017 年 9 月在安阳林州发现。

该虫以幼虫取食树叶造成为害，虫口密度高、食量大、为害重。

【形态特征】

成虫 雌成虫体长 10.0 ～ 12.0mm。触角暗红色至黑色。头部和胸部橙红色，但中胸小盾片后部、中胸前侧片、后胸背面黑色，单眼黑褐色，腹部黑色，可见白色的节间膜，有时腹面红褐色。足基节、转节灰白色，基节基部黑色；前、中足胫节和跗节灰白色，腿节除末端外黑色；后足腿节基部和胫节基部 1/3 节灰白色，其余黑色。翅透明，翅痣黑褐色，翅脉黑褐或褐色，翅面具淡褐色区域。

雄成虫体长 6.5 ～ 8.0mm，体细小。触角褐色，第 1、2 节背面黑色，或触角全为黑褐色。头褐色，触角基部至头顶具大黑斑。胸部黑色，中胸背板两侧暗红色，前胸背板后侧及翅基片棕色；腹部背面黑色，其两侧边缘、腹部腹面及外生殖器、生殖器下板均为红褐色。足淡红黄色，后足胫节端及跗节黑色。

卵 椭圆形，长 1.34 ～ 1.51mm，宽 0.64 ～ 0.76mm （平均 0.73mm）；一侧覆有被产卵器切开的叶片表皮。初产时紫红色，有光泽随着卵的发育，颜色变浅，具紫红色纵条斑。近孵化时浅灰白色，紫色条斑褪去或不清晰。

幼虫 1 ～ 2 龄幼虫头黑色，胸部和腹部淡肉色，半透明，可见绿色的消化道 1 龄体长 2.0 ～ 2.2mm，2 龄体长 5.0 ～ 6.0mm；3 龄胸部及腹末 3 节出现黄色，臀板黑色。

老熟幼虫体长 20.0 ～ 26.5mm，头黑色，胸部 3 节和腹部第 8 节及以后淡黄色，背面有黑色斑点；腹部背面前 7 节淡浅蓝色，具 7 条黑色纵纹，背中线有时可伸达中胸和腹第 9 节；2 条位于气门线的上下，另 1 条位于腹足的上方，7 对腹足前侧具黑斑；臀板黑色。

茧和蛹 茧黑褐色，由丝质组成，明显可分成 2 层，茧外粘缀些沙土；土壤的颜色较浅，而茧的颜色较深，于土中容易辨认和寻找。雌茧大，雄茧小，雌茧长 13.0 ～ 16.5mm，宽 5.5 ～ 6.5mm；雄茧长 10.0 ～ 11.0mm，宽 4.5 ～ 5.0mm。

离蛹，刚羽化的蛹淡黄白色，腹 1 ～ 7 节淡绿色，后期显现成虫的颜色；长 9.0 ～ 11.0mm。

河曲丝叶蜂危害状（刘晓琳 摄）

河曲丝叶蜂老熟幼虫（刘晓琳 摄）

【生物学特性】安阳地区 1 年发生 1 代，10 月中下旬以老熟幼虫入土结茧，变成预蛹越冬。翌年 8 月初化蛹，蛹期 5 ～ 7d。8 月上中旬成虫开始羽化，8 月中旬羽化盛期。8 月下旬成虫羽化结束。8 月中旬为产卵盛期，卵期 10d。幼虫 8 月中旬出现，此时寄主叶片生长旺盛，为其提供了丰富的食物。幼虫期 8 月中旬至 10 月中下旬。10 月中下旬老熟幼虫结茧越冬。

【防治方法】

（1）幼虫：可用 1.2% 烟碱・苦参碱乳油 1000 倍液，或用 4.5% 高效氯氰菊酯乳油 1500 ～ 2000 倍液喷雾。或采用老熟幼虫下树时缠粘虫胶带。

（2）蛹：可在秋末冬初或早春，结合树下土壤管理，翻树盘，破坏其越冬场所。

第二节　刺吸式害虫

1 草履蚧

【分类地位】草履蚧 *Drosicha corpulenta*（Kuwana）属同翅目绵蚧科（珠蚧科）。

【寄主】杂食性，寄主植物非常广泛，危害杨树、刺槐、核桃、枣树、柿树、梨树、苹果树、桑树、桃树、海棠、樱花、无花果、紫薇、月季、红枫、柑橘等多种植物，在安阳地区主要危害杨树、核桃、李子、桃等。

【分布与危害】该虫分布于河南、山西、山东、陕西等大多数省份，在安阳各地均有分布。

若虫和雌成虫常成堆聚集在芽腋、嫩梢、叶片和枝干上，吮吸汁液危害，造成植株生长不良，树势衰弱、枝梢枯萎，受害严重时造成树木死亡。

【形态特征】

成虫　雌成虫体长约 10mm，扁平椭圆，似草鞋，腹部有横皱褶和纵沟，触角 8 节，节上多粗刚毛，足黑色，粗大。体被有白色蜡质粉和微毛。雄成虫，长 5 ～ 6mm，体紫红色，翅展 9 ～ 11mm。复眼较突出，翅淡黑色，半透明，翅脉 2 条，后翅小，仅有三角形翅茎；触角黑色，丝状，10 节，除第 1 节和第 2 节外，通常各节环生 3 圈细长毛。腹部末端有 4 根树根状突起，停落时两翅呈“八”字形。

卵　初产时黄白色，渐呈黄赤色，产于卵囊内，有白色絮状蜡丝粘裹。

若虫　初孵化时棕黑色，腹面较淡，触角棕灰色，唯第三节淡黄色，很明显。

蛹　仅雄虫有，圆筒形，褐色，长约 5mm，外被白色绵状物。

草履蚧雌成虫　（张玉忠　摄）

草履蚧雄成虫（张玉忠　摄）

草履蚧交尾状（张玉忠　摄）

【生物学特性】在安阳 1 年发生 1 代，主要以卵在卵囊内于土中越冬。翌年 2 月上旬到 3 月上旬开始孵化，孵化期延续至月底。2 月中旬后，陆续出土上树，2 月底左右达盛期，3 月中旬基本结束。4 ～ 5 月危害加重。雄若虫第 2 次蜕皮后，于 5 月上旬化蛹，蛹期 10d 左右。5 月中旬羽化为雄成虫，寻找雌虫，交配后很快死亡。第 2 次蜕皮后的雌若虫继续取食危害；经第 3 次脱皮，性成熟交配后，危害到 5 月下旬至 6 月上旬陆续下树，钻入树干周围石块下、土缝等处，分泌白色蜡质絮状物形成卵囊，附于腹末，一面产卵，一面继续分泌蜡质绵絮状层，依次重叠，一般 5 ～ 8 层，产卵后雌虫体逐渐干瘪死亡，即以卵越夏过冬。

卵孵化和若虫开始上树危害受温度影响很大。越冬卵 2 月上旬开始孵化，1 龄若虫仍停留在卵囊里，随着气温升高，若虫开始出土爬行上树。初龄若虫行动迟缓，喜在树洞或树杈等处隐蔽群居，堆积于枝干上，10 ～ 14 时在树的向阳面活动，沿树干爬至嫩梢、幼芽等处取食，被害处同时有树液溢出。若虫第1次蜕皮后，虫体增大，开始分泌白色蜡质物。雄若虫第2次蜕皮后，不再取食，潜伏于树皮缝或土缝、杂草等处，分泌大量蜡丝缠绕化蛹。雌成虫多在树干周围50cm表土内、裂缝、枯枝落叶下产卵，产卵期3～6d。

【防治方法】

（1）若虫：在树干基部先将老树皮刮平后缠30cm的胶带或捆绑塑料薄膜阻止若虫上树，然后集中扑杀若虫。捆绑塑料薄膜要紧绑下部，上部开口呈喇叭状。同时在若虫上树前，于树干基部离地1m处涂毒环阻止若虫上树。毒环可用废机油加菊酯类农药自己配制，涂抹宽度约20cm，每10d涂抹一次，连续涂抹3次即可。也可用“拦虫虎”专用药剂涂抹。还可在若虫上树后，喷5%吡虫啉乳油2000～3000倍液、机油乳剂或蚧死净400倍或40%氧化乐果1000倍液等。

（2）成虫：人工消灭越冬虫源，于5月上旬雌成虫下树时期，在树干基部周围挖环状沟，沟里放置杂草诱集雌成虫产卵，然后将杂草清理烧毁。

（3）蛹：在进入秋冬季树木落叶后，结合抚育管理，立即组织清扫树叶枯草等杂物，集中烧毁，深翻林地，破坏虫卵越冬场所，降低虫口基数。

2 朝鲜球坚蚧

【分类地位】朝鲜球坚蚧 Didesmococcus koreanusBorchsenius 属同翅目蜡蚧科。

【寄主】主要危害以杏为主的核果类，如桃、李等，安阳地区主要危害李属植物。

【分布与危害】全国各地均有分布，在安阳地区主要发现于林州市。

以若虫、雌成虫固着在枝条上、树干上嫩皮处，结球累累。终生刺吸汁液，一般发生密度很大，造成整树死亡，严重影响了果树的生长及产量。

【形态特征】

成虫 雌成虫无翅，近球形，黑褐色，直径4～5㎜，高3～5㎜。初期蚧壳质软，黄褐色，后期变硬，呈黑褐色或紫褐色，有光泽，表面有小刻点。触角6节，其中第3节最长。肛门发达，肛环毛有6根粗毛和2列较细的环毛。雄蚧壳椭圆形、半透明，背面有龟甲状隆起线。雄虫体长1.5～2㎜，翅展约2.5㎜，暗红色，腹端有针状交尾器。

卵 椭圆形，长约0.3mm，宽约0.2mm，初期白色逐渐变为橙黄色。

幼虫 初孵若虫长椭圆形，长约0.5mm，淡褐色至粉红色，被白粉；触角丝状，6节，眼红色；足发达；体背面可见10节，腹面13节，腹末有2个小突起，各生1根长毛。固着后体侧分泌出弯曲的白蜡丝覆盖于体背，不易见至虫体。越冬后雌雄分化，雌体卵圆形，背面隆起呈半球形，淡黄褐色有数条紫黑横纹。雄体瘦小椭圆形，背稍隆起。

蛹 仅雄虫有蛹，为裸蛹，长椭圆形、灰白半透明，扁平背面略拱，长1.8mm，赤褐色；腹末有 1黄褐色刺状突。

朝鲜球坚蚧（王相宏 摄）

【生物学特性】朝鲜球坚蚧在安阳1年发生1代，以2龄若虫在2年生或多年生枝条的背阴面芽基、主枝及主干的裂皮缝处越冬。第2年3月上旬越冬若虫开始活动，若虫从白色蜡壳中爬出，4月上旬后，若虫雌雄开始分化。雄虫脱皮1次，在蜡质中化蛹，4月上旬羽化为成虫，与雌虫交尾后死亡。受精雌成虫于4月下旬开始产卵于介壳下，每雌虫可产卵300～500粒，卵期7～10d，5月上中旬若虫孵化，5月下旬和6月上旬成群固着在树干上，体上分泌白色蜡丝至10月中旬，以二龄若虫在介壳中越冬。

【防治方法】

（1）若虫：根据冬季球坚蚧以2龄若虫固着在枝干上越冬的特性，用刮刀或铲子将寄生在枝干上的介壳虫及老树皮刮掉并用泥浆涂干，以保护树干免受病菌侵染。刮刷时，不要遗漏枝干分杈处，并将刮刷掉的虫体集中烧毁。在球坚蚧若虫孵化盛期（5月上中旬）和若虫孵化末期（5月下旬），各喷布1次48%毒死蜱1000倍液，3%啶虫脒1500倍液，2.5%溴氰菊酯乳油3000倍液，4.5%高效氯氰菊酯800～1000倍液等杀虫剂。

（2）成虫：早春树液开始流动时，喷洒3～5波美度石硫合剂，或95%机油乳剂80倍液防治枝干上越冬的蚧虫。

（3）卵：自4月上旬，抓住卵未孵化的有利时机，用铁刷子刮刷杏树枝干上雌介壳，将刮刷掉的虫体集中烧毁。

3 日本龟蜡蚧

【分类地位】日本龟蜡蚧 Ceroplastes japonicus（Green）属同翅目蜡蚧科。

【寄主】主要危害苹果、枣、梨、石榴、杨、夹竹桃、冬青、大叶黄杨、贴梗海棠等果树和观赏林木，安阳地区主要寄主为枣、苹果和紫薇、杨树等。

【分布与危害】在我国河北、河南、山东、陕西、福建、广东等地有分布，在安阳地区均有分布。

以若虫和雌成虫聚集枝干和叶片针刺吸食汁液为害，排泄物能诱发煤污病，导致植株衰弱、早期落叶，甚至枯萎死亡，严重影响林果花木的观赏和经济价值。

【形态特征】

成虫 雌虫体长2～3mm，宽1.5～2.5mm，椭圆形，背面隆起似半球形，中央隆起较高，表面具龟甲状凹纹，背覆较厚的白色蜡质蚧壳，边缘蜡层厚且弯卷，由8块组成。口器刺吸式，头胸腹不明显，腹面末端有产卵孔。雄成虫体长1.2～1.4mm，体深褐色或棕色，头和胸部背板较深。眼黑色，触角丝状，翅有2条明显脉纹，足细小，腹末略细，性刺色淡。

卵 椭圆形，长 0.2 ～ 0.3mm，初产时为浅橙黄色，后渐变深，将孵化时为紫红色。

若虫 初孵体长 0.4 ～ 0.5mm，呈扁平的椭圆形，淡红褐色，触角和足发达，触角丝状，足 3 对细小，腹末有 1 对长毛。若虫在叶上固定约 24 小时后，背面开始出现白色蜡点，3d 左右蜡质相连成粗条状，虫体周围出现白色蜡刺，尾端的刺短而缺裂，若虫后期，蜡壳加厚。雌若虫体形与雌成虫相似，背部隆起，周边有 7 个圆突，状似龟甲，雄虫蜡壳为长椭圆形，呈星芒状。

蛹 仅雄虫有蛹，梭形，长 1mm，棕色，性刺笔尖状。

日本龟蜡蚧成虫 1（李秋生 摄）

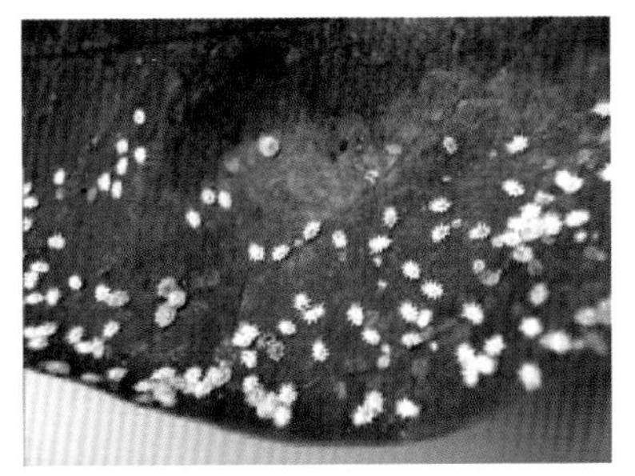

日本龟蜡蚧成虫 2（李秋生 摄）

【生物学特性】日本龟蜡蚧在安阳地区 1 年发生 1 代，以雌成虫在 1 ～ 2 年生枝上越冬，翌年 3 月上旬开始吸食汁，4 月上旬虫体开始增大，4 月中下旬虫体达到最大，5 月下旬雌虫开始产卵，6 月上中旬进入产卵期盛期，卵期一般 10 ～ 24d。6 月上旬若虫开始孵化，6 月中下旬为孵化盛期，分散转移到嫩枝、叶柄上固定取食，2d 后分泌蜡质，7 月中旬雌雄虫开始性分化。8 月上旬至 8 月底为雄虫化蛹期，蛹期 10 ～ 17d，8 月下旬至 9 月下旬为雄虫集中发生期。雄虫与雌虫交配后死亡，受精的雌成虫从叶片上逐渐转移到 1 ～ 2 年生枝条上固着为害，至 10 月开始越冬。

该虫主要为两性卵生，也可以进行孤雌卵生，日均温度 25℃左右是产卵最宜温度。初孵若虫有向上爬行的习性，多爬到嫩枝叶柄或叶面上固着取食，极少数在叶片背面定居为害。若虫固定约 2d 后，沿枝条爬到叶面取食汁液，排出大量蜜露，污染枝叶，易招致煤污病。雄成虫寿命极短，与雌成虫交配后死亡，雌虫成熟后在腹下产卵，每雌产卵量1300～3000粒，产卵时间一般20d左右。雄若虫经3次蜕皮，开始化蛹羽化后寻找雌若虫交尾。雌若虫经3次蜕皮变为成虫，从叶片迁移至1～2年生枝条上固定，交尾受精后越冬。

【防治方法】

（1）若虫：全年防治日本龟蜡蚧最佳时期应掌握在1龄若虫分散转移期，可以喷洒10%吡虫啉。结合夏剪，剪除带虫枝条。

（2）成虫：早春树液开始流动时，喷洒3～5波美度石硫合剂，或95%机油乳剂80倍液防治枝干上越冬的蚧虫。

（3）卵：抓住卵未孵化的有利时机，用铁刷子刮刷杏树枝干上雌介壳，将刮刷掉的虫体集中烧毁。

4 悬铃木方翅网蝽

【分类地位】悬铃木方翅网蝽Corythucha ciliate（Say）属半翅目网蝽科。

【寄主】悬铃木属植物，在安阳地区主要危害法桐。

【分布与危害】悬铃木方翅网蝽为侵入物种，2006年在我国发现后迅速蔓延，目前已经在多个省份发现。安阳市全区分布，主要分布在殷都区、内黄县和林州市。

成虫和若虫以刺吸寄主树木叶片汁液为害为主，受害叶片形成分布均匀的褪色斑，且叶背面有黑斑，危害严重时叶片变枯黄。因此，悬铃木方翅网蝽为害可抑制寄主植物的光合作用，影响植株正常生长，导致树势衰弱。

【形态特征】

成虫 雌成虫体长约3.5mm，体宽约2.2mm，腹部肥大，末端圆锥形，产卵器明显，产卵器基部具下生殖片，雄虫体形稍小，腹部较瘦长，腹末有1对爪状抱握器。在虫头兜、中纵脊、侧纵脊及翅的网肋上密布直立小刺。头兜盔状，中度扁平。中纵脊明显低于头兜，前翅X斑由前缘域前后2个黑斑、中域1个黑斑、中域端部1个黑斑及膜域中央的纵黑斑组成。前翅前缘基部强烈上卷，而中部浅凹。腹部宽短，后部强烈收缢。

卵 长约0.4mm，宽约0.2mm，乳白色，茄形，顶部有卵盖，卵盖呈圆形或椭圆形，褐色，中部稍拱突。

若虫 若虫有5个龄期，老熟若虫体长约1.76mm；宽约0.95mm，头部有5枚刺突，触角4节，复眼突出，头兜半球形，中胸小盾片黄白色，有1对单刺突，前翅前端为褐色，后翅为黄白色，腹部黑褐色，侧缘黄白色，背面中央纵列4枚单刺，两面三刀侧各具6枚二叉刺突。

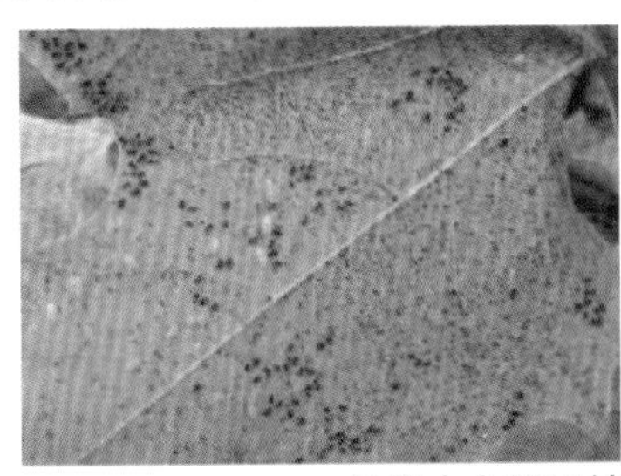
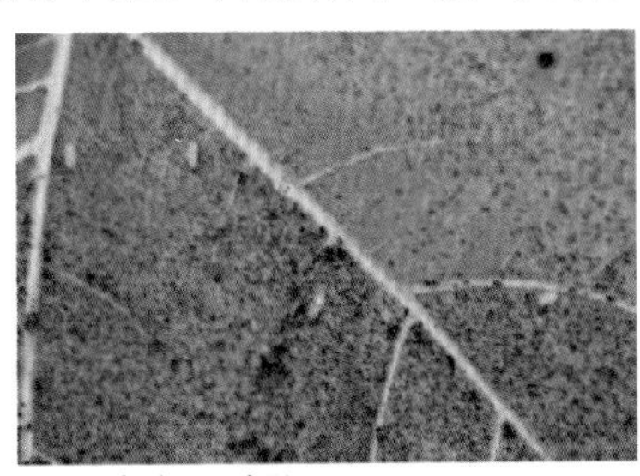

悬铃木方翅网蝽成虫（牛金明 摄）

【生物学特性】悬铃木方翅网蝽在安阳1年发生4代，第4代成虫主要在悬铃木主干的树皮缝里越冬。4月中旬越冬成虫开始上树危害，4月下旬开始产卵，卵历期20d左右，5月中旬始见第1代若虫，6月上旬始见第1代成虫，第1代历期60d左右。第2、3、4代历期35d左右，世代重叠严重。第4代成虫于9月中旬转移到悬铃木树干准备越冬，10月底全部进入越冬状态。

该虫繁殖能力强，平均每个雌虫可产卵250个左右；具有较强的耐寒性，最低存活温度-12.2℃；气温达10℃时越冬，以成虫在寄主树皮下或树皮裂缝内越冬；可借风或成虫的飞翔做近距离传播，最远飞行距离可达14～20km，也可随苗木或带皮原木做远距离传播。下树越冬时对栖息的树干部位有一定选择性，多喜集群栖于树体基干，越冬代的雌成虫比例会因气候环境变化而发生改变，可达到80%以上。

【防治方法】

（1）成虫：秋季刮除疏松树皮层并及时收集销毁落地虫叶，可减少越冬虫的数量；也可用水对树冠进行冲刷和适时修剪树枝减少虫量；在成虫初羽化期（4 月底 5 月初）喷洒吡虫啉 1500 ～ 2000 倍液、灭虫灵 3000 ～ 4000 倍液、1.2% 苦烟乳油 2000 倍液效果较佳。

（2）卵、若虫：在若虫期，可以喷洒吡蚜酮乳油 + 敌敌畏乳油 1000 倍液，10％啶虫脒 1000 倍液，或 25％噻虫嗪 1500 倍液、40% 氧化乐果 1000 倍液，或 48% 毒死蜱乳油 1000 倍液等进行防治。

5 苹果绵蚜

【分类地位】苹果绵蚜 Eriosoma lanigerum（Hausmann）属同翅目瘿绵蚜科。

【寄主】以苹果为主，其次为海棠、沙果、花红、山荆子等，在安阳地区寄主为苹果。

【分布与危害】最初仅在我国部分地区和省份有分布，后迅速扩展蔓延到其他省份。安阳地区均有分布，主要分布在龙安区、安阳县、林州市和内黄县。

苹果绵蚜以无翅胎生成虫及若虫在地下根部和露出地表的根际等处刺吸危害，吸取果树汁液，消耗果树营养，使树势衰弱。在被害处形成瘤状突起，严重时肿瘤累累，木质部变为黑褐色坏死，受害根不再长须根，失去吸收能力。受害轻的影响产量，重的造成全株枯死。

【形态特征】

成虫 无翅胎生雌蚜体长 1.7 ～ 2.2mm，黄褐色至红褐色，喙粗，长达后足基节。触角 6 节，基部第 1、2 节粗短，第 3 节最长。腹管退化仅留痕迹，呈半圆形。腹部特别膨大，背面有 4 条纵列的泌蜡孔，分泌白色蜡质绵状物。有翅胎生雌蚜体长 1.7 ～ 2.1mm，翅展 5.5mm，头胸黑色，腹部橄榄绿色。触角 6 节，第 3 节特别长。翅透明，前翅中脉有一分枝。腹管退化为环状黑色小孔。

有性蚜 雌虫体长约 1mm，宽约 0.4mm，淡黄褐色，头、触角、足均为淡黄绿色，腹部红褐色，被少许绵状物，触角 5 节。雄蚜体长约 0.7mm，黄绿色，触角 5 节。

若蚜 共 4 个龄期。1 龄时为扁圆筒形，黄褐色，体长约 0.65mm，2 龄后渐变为圆锥形，红褐色，触角 5 节，2 龄体长约 0.8mm，3 龄体长约 1.0mm，4 龄体长约 1.45mm，体上有白色蜡质绵状物。有翅若蚜与无翅若蚜 3 龄以下难以区分，到 4 龄时，有翅若蚜体上有 2 个黑色翅芽。

卵 长约 0.5mm，宽约 0.2mm，椭圆形，一端略大，表面光滑，外被白粉。初产为黄色，渐变褐色。

苹果绵蚜危害枝干状（李秋生　摄）

苹果绵蚜危害根状（李秋生　摄）

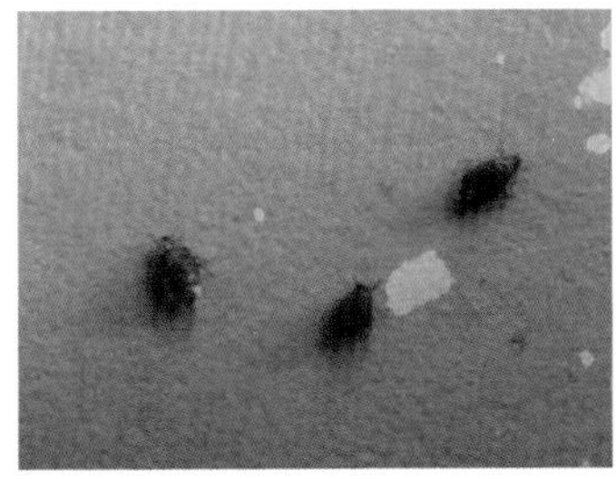

苹果绵蚜成虫（李秋生　摄）

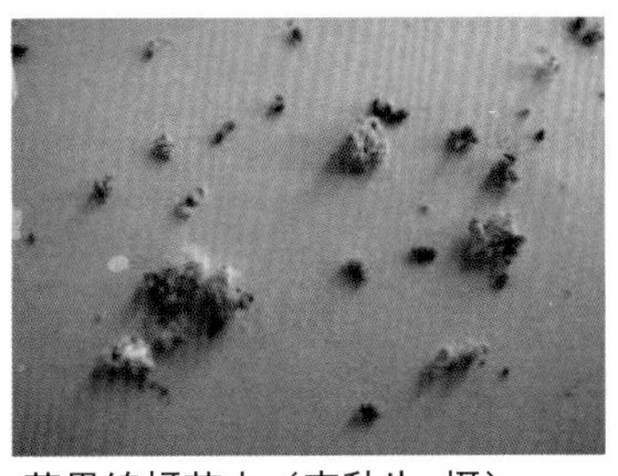

苹果绵蚜若虫（李秋生　摄）

【生物学特性】苹果绵蚜在安阳地区一年发生 12 ～ 18 代。翌年寄主发芽前后开始取食活动，主要在越冬场所和寄主新梢、腋芽、短果枝、果梗以及根部危害。5 月上旬胎生幼蚜开始扩大种群，5 月下旬至 7 月上旬繁殖最旺盛；7 ～ 8 月数量急剧减少；9 月 20 日以后苹果绵蚜数量又趋增长，到 10 月上旬形成一年中第二次繁殖高峰；11 月以后，气温下降，苹果绵蚜也随之进入越冬期。

【防治方法】

（1）成蚜、若蚜：冬季和早春用刀刮除老树皮，以消灭越冬若虫；在生长期选用 1.8% 阿维菌素乳油 3000 ～ 6000 倍液，10% 吡虫啉可湿性粉剂 1000 ～ 2000 倍稀释液喷雾使用；也可释放瓢虫、食蚜蝇、大草蛉等天敌进行控制。

（2）卵、性蚜：可以人工剪枝的方法去除虫卵；用高效内吸性杀虫剂刷树体、树枝、茎部和树根，重点涂刷树缝、树洞、伤口等处，防止根部越冬成虫向上转移危害，减少越冬虫源。

6 斑衣蜡蝉

【分类地位】斑衣蜡蝉 Lycorma delicatula（White）属同翅目蜡蝉科（字体）。

【寄主】臭椿、香椿、千头椿、刺槐、杨、柳、榆、栎、悬铃木、女贞、合欢、海棠、桃、李、杏、葡萄、石榴等多种林木；在安阳地区寄主为臭椿。

【分布与危害】全国均有分布。在安阳地区均有分布，主要分布在文峰区、安阳县。

斑衣蜡蝉以成虫、若虫刺吸叶片、嫩梢汁液，嫩叶受害造成穿孔，严重时叶片破裂，影响光合作用，从而削弱树势。排泄的黏液落到地面，污染环境，影响环境卫生和市民出行。安阳市 5 ～ 6 月园林绿化树木受害较重。

【形态特征】

成虫　雄虫体长约 15mm，翅展约 43mm，雌虫体长约 20mm，翅展约 49mm，灰褐色；复眼黑色，向两侧凸出。触角刚毛状，共 3 节，呈红色，基部膨大。前翅革质，基部约 2/3 为淡褐色，密布黑点 20 余个；端部约 1/3 为深褐色，脉纹灰白色。后翅膜质，基部 1/3 鲜红色，具有 6 ～ 10 个黑点；中部有倒三角形白色区，半透明；端部黑色，中部白色。

卵　长圆柱形，长约 3mm，宽 2mm，灰褐色，背面两侧有凹入线，中部形成一长条隆起，隆起的前半部有长卵形的盖。初产时白色，几天后变为土灰色。

若虫　初孵化时白色，很快变成黑色，体上有许多小白斑，足长，头尖。1 ～ 4 龄体长分别约为 4mm、7mm、10mm 和 13mm。4 龄若虫体背呈淡红色，具有黑白相间的斑点，翅芽明显，由中后胸的两侧向后延伸，头部最前的尖角、两侧及复眼基部黑色。

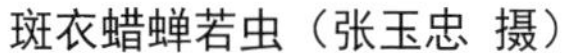
斑衣蜡蝉若虫（张玉忠 摄）　　斑衣蜡蝉成虫（李秋生 摄）

【生物学特性】斑衣蜡蝉在安阳地区1年发生1代，以卵在树干向阳面及枝蔓分叉处或附近建筑物上越冬。随着气温升高，3月底至4月初卵开始孵化，4月中旬达到孵化高峰期，卵孵化期比较集中，5月中旬孵化基本结束。6月中旬开始出现成虫，7月中旬成虫数量达到高峰，8月下旬开始交尾，8月底至9月中旬交尾活动盛期。9月中旬开始见到卵，10月下旬产卵结束，以卵越冬。

产卵期的成虫仍多群集在枝干上，行动迟缓，成虫寿命达到4个月，危害至10月底陆续死亡。成虫、若虫均具有群集性，栖息时头翘起，有时可见数十头群集在新梢上，排列成一条直线。卵多数产于树干上、树枝分叉处，交尾多在清晨进行，产卵持续期较长。卵块排列整齐，覆盖蜡粉。卵孵化期比较集中，同一块卵全部孵化完，一般历时3d。秋季多雨、高温和低湿对成虫寿命极为不利，干燥则有利于成虫生长和灾变。

【防治方法】

（1）成虫、若虫（3～4月）：首先抓住卵孵化期喷药。刚孵化出的若虫易杀死，这是防治的关键时期，可喷菊酯类农药防治，一般应喷2次，2次间隔7～10d。其次，抓住成虫羽化期喷药，可选择50%乐果乳油1000～1200倍液、50%敌敌畏乳油1000倍液等。

（2）卵（9月至翌年3月）：落叶后至发芽前喷4～5波美度石硫合剂等。

7 柳膜肩网蝽

【分类地位】柳膜肩网蝽 Hegesidemus habrus（Drake）属半翅

目网蝽科。

【寄主】主要危害毛白杨、柳树等树木；在安阳地区寄主为杨树和柳树。

【分布与危害】除青海、西藏和新疆外，全国均有分布。在安阳全区均有分布，主要分布在内黄县。

以成虫和若虫于叶背刺吸树液，使叶面产生成片白色斑点，叶背面有其黑色点状的排泄物，影响光合作用，从而削弱树势，影响植株的生长和园林景观。

【形态特征】

成虫 雌虫体长3mm左右，宽约1.2mm，雄性体长2.9mm左右，宽约1.3mm。头红褐色，光滑、短而圆鼓，3枚头刺黄白色，前面1枚短棒状，位于触角基部之间，后面对长，位于复眼内缘，紧贴头背面。触角浅黄色，被短毛，第4节端部黑褐色。喙端末伸达中胸腹板中部。前胸背板浅黄褐色至黑褐色，遍布细刻点。3条纵脊灰黄色，等高。前翅长过腹部末端，黄白色，具深褐色“X”形斑，后翅白色。腹部腹面黑褐色，足黄褐色。

卵 椭圆形，略弯，长约0.45mm，宽约0.15mm。初产卵乳白色，以后变淡黄色，一端1/3处出现浅红色，数日后另一端亦出现血红色丝状物，至孵化前变为红色。

若虫 共4个龄期，各龄若虫复眼红色。体长2.2mm，宽1.2mm，头黑色；翅芽呈椭圆形，伸到腹背中部、基部和末端黑色。

柳膜肩网蝽（董玖莉 摄）

【生物学特性】在安阳地区柳膜肩网蝽1年发生4代，有世代重叠现象。以成虫在树皮缝隙间或枯枝落叶下越冬。4月上旬越冬代成虫在气温达到 11 ～ 12℃时开始活动，4 月中旬开始产卵，5 月中旬开始孵化。第 1 代幼虫始发期在 5 月 10 日～ 15 日。6 月上中旬第 1 代成虫开始羽化．第 2 代成虫出现于 7 月上中旬。第 3 代成虫于 8 月上中旬开始产卵，孵化为第 4 代幼虫，危害至 11 月开始陆续下树化蛹过冬。

成虫有假死现象；飞翔能力较弱，扩散能力不强；成虫、若虫均具有群集危害习性。越冬代成虫开始出蛰，危害杨树的嫩芽和嫩叶，并开始产卵。第 1 代卵期平均 17d，2 ～ 4 代卵期一般 7d 左右。卵多数在早晨孵化，孵化后即在叶背面爬行，寻找取食部位，群集危害。幼虫期 28 ～ 30d，若虫历期各代不等。成虫羽化后 6 ～ 7d 开始交尾，交尾后 2 ～ 3d 开始产卵。当树叶被危害落光后，会迁飞到邻近的寄主上危害。当日平均气温低于 10℃时，成虫开始下树，在落叶、杂草、树皮裂缝或土壤缝隙中越冬。

【防治方法】

（1）成虫期、若虫期：在孵化盛期，可以用 4.5％的高效氯氰菊酯 2000 倍液或吡虫啉；人工摘除虫包，集中烧毁，或人工捕杀成虫；保护异色瓢虫、草蛉等天敌。

（2）卵期、越冬期：清除树下枯枝落叶，烧毁或深埋并进行冬季树干涂白。

8 梨圆蚧

【分类地位】梨圆蚧 Quadraspidiotus pemiciosus (Comstock) 属同翅目盾蚧科。

【寄主】寄主植物危害梨、苹果、枣、桃、核桃、柿、山楂等果树和部分林木；在安阳地区主要发现于核桃、梨、桃、苹果树上。

【分布与危害】全国各地均有分布；在安阳地区主要分布在林州市、殷都区。

以成虫、若虫用刺吸式口器固定为害果树枝、干、嫩枝、叶片和果实等部位，喜群集，夏季虫口数量增多时，才蔓延到果实上为害。受害枝干、叶片生长发育受到抑制，常引起早期落叶，严重时树木枯死。

【形态特征】

成虫 雌虫蚧壳扁圆锥形，直径1.6～1.8mm。灰白色或暗灰色，蚧壳表面有轮纹。中心鼓起，似中央有尖的扁圆锥体，壳顶黄白色，虫体橙黄色，刺吸口器似丝状，位于腹面中央，腿足均已退化。雄虫体长0.6mm，有一膜质翅，翅展约1.2mm，橙黄色，头部略淡，眼暗紫色，触角念珠状，10节，交配器剑状，蚧壳长椭圆形，约1.2mm，常有3条轮纹，壳点偏一端。

若虫 初孵若虫约0.2mm，椭圆形淡黄色，眼、触角、足俱全，能爬行，口针比身体长，弯曲于腹面，腹末有2根长毛，2龄开始分泌蚧壳。眼、触角、足及尾毛均退化消失。3龄雌雄可分开，雌虫蚧壳变圆，雄虫蚧壳变长。

梨圆蚧（王相宏 摄）

【生物学特性】在安阳1年发生2～3代。以2龄若虫和少数雌成蚧越冬。翌年果树开始生长时，越冬若虫继续为害。第1代若虫盛期在6月上中旬。成蚧可两性生殖，也可孤雌生殖。成蚧直接产卵于蚧壳下。若虫出壳后迅速爬行，分散到枝、叶和果实上为害，2～5年生枝条被害较多，若虫爬行一段时间后即固定下来，开始分泌蚧壳。雄成蚧羽化后即可交尾，之后死亡。雌成蚧继续在原处取食一段时间，同时繁殖后代，之后死亡。梨圆蚧远距离传播主要是通过苗木、接穗或果品运输。近距离传播主要借助于风、鸟或大型昆虫等的迁移挟带。

【防治方法】成虫、若虫：①在春季发芽前，喷施石硫合剂，结合冬剪剪去虫枝，集中烧毁。②可喷洒20%杀灭菊酯3000倍液，20%菊马乳油1000～2000倍液。喷有虫枝干1次，此时虫体保护层比较少，药液可直接杀死若虫。危害严重的果园，7d 后再喷洒 1 次。

9 桑白盾蚧

【分类地位】桑白盾蚧 Pseudaulacaspis pentagona (Targioni) 属同翅目盾蚧科。

【寄主】杂食性，寄主为核桃、柿、樱桃、杏、李、杨、柳、丁香、苦楝等多种林木；在安阳地区主要发现于杏树上。

【分布与危害】全国各地均有分布，在安阳主要分布在林州市。

该虫以若虫、成虫刺吸枝条及树干汁液，枝条被害后长势削弱，受害严重时甚至枯死，对果树的生长及产量影响很大。

【形态特征】

成虫 雌成虫体长 1.2mm 左右，呈倒梨形，略带五角形，前端阔圆，后端三角形，腹部分节明显，橙黄色到橘红色。雌介壳圆形略隆起，直径 1.7 ～ 2.8mm，蜕皮偏在前方，腹膜极薄，常留在寄主植物上，灰白色或黄白色。雄成虫体长 0.8mm 左右，翅展 1.4 ～ 1.8mm，细长，纺锤形。头小，橙红色。眼紫黑色，背眼、复眼及侧眼各 2 个。触角 10 节，淡黄色。胸部发达，背面有深色的横带。足淡黄色，细长多毛，胫节和跗节上更多，爪尖锐。翅灰白色，透明圆形，翅面有极细毛。雄蚧壳长 0.9mm 左右，白色，蜡质，背面有 3 条背线，蜕皮黄白色，位于前端。

卵 椭圆形， 卵平均长约 0.25mm，宽 0.12mm，雄卵白色，雌卵淡红色。

若虫 1 龄若虫体长 0.25mm 左右，椭圆形，3 对足，复眼大，暗紫色或黑色。雄体白色，雌体淡红色。2 龄若虫体长约 0.5mm，足退化。雌若虫介壳宽圆形，浅橙黄色，雌若虫近圆锤形，淡黄色，背面隆起，腹部明显，末端渐细。雄若虫介壳短圆形，白色棉絮状。雄若虫短纺锤形，淡黄色或白色。眼特大，紫黑色。3 龄若虫均为雌虫，若虫介壳近圆形，直径 1.2 mm 左右，灰白色或灰褐色，具有 2 个壳点。

蛹 蛹均为雄蛹。前蛹体长约 0.7mm，初化蛹形态与第 2 龄若虫相似。蛹长椭圆形，长约 0.7mm，深黄色或橙黄色。触角芽长约为体长的 1/2。翅芽和足芽相应延长。眼点紫黑色。腹部明显。交尾器短。

【生物学特性】在安阳 1 年发生 2 代，以第 2 代受精雌虫在枝条上越冬。3 月中旬前后，果树芽萌动开始吸食危害，虫体短期内发生膨大，4 月下旬开始产卵，在 5 月上中旬达到产卵盛期，卵孵化盛期为 5 月下旬。初孵若虫从雌虫壳下钻出爬行扩散，蜕皮后变为低龄若虫，在植物上危害并渐生蜡被，6 月上中旬开始分化为雌雄成虫，交配后雌虫 7 月发育成熟。第 2 代若虫 8 月中下旬出现，9 月成熟，雌雄交配后，受精雌成虫危害至 9 月下旬开始越冬。

【防治方法】成虫、若虫：①在春季发芽前，用硬毛刷刷掉枝干上越冬的雌成虫，结合冬剪剪去虫枝，集中烧毁。②在孵化期到 1 龄若虫期，可喷洒 95% 蚧螨灵乳油 130 倍液、45% 灭蚧可溶性粉剂 100 倍液、25 % 扑虱灵可湿性粉剂 1000 倍液、14 % 灭蚧灵水剂 60 倍液、10 % 吡虫啉可湿性粉剂 5000 倍液和 20 % 灭扫利乳油 2000 倍液等杀虫剂。喷有虫枝干 1 次，此时虫体保护层比较少，药液可直接杀死若虫。危害严重的果园，7d 后再喷洒 1 次。③桑白蚧天敌较多，而细缘瓢虫、日本方头甲为优势种，可以保护利用这些天敌。

10 柿绒蚧

【分类地位】柿绒蚧 *Acanthococcus kaki* (Kuwana) 属同翅目粉蚧科。

【寄主】主要危害柿树。

【分布与危害】全国大部分地区有分布，安阳地区均有分布。

以若虫和雌成虫吸食叶片、嫩枝及果实汁液，发生严重时，造成落叶及早期落果。

【形态特征】

成虫　雌成虫体长约 1.5mm，宽 1.0mm，体暗紫红色，背有圆锥形刺毛，边刺毛成列，腹部平滑。雌介壳长约 2.6mm，宽 1.4mm，灰白色，卵圆形或椭圆形。雄成虫体长 1.0 ～ 1.2mm，紫红色，触角细长，无复眼。雄介壳长约 1.1mm，宽约 0.5mm，白色，椭圆形。卵长约 0.25mm，表面光滑，紫红色。

若虫 初鲜红色，后呈紫红色，卵圆形或椭圆形，体侧有成对、长短不一的刺状物。

柿绒蚧雄成虫（牛金明 摄）

【生物学特性】每年发生 3 ～ 4 代，以初龄若虫在 3 ～ 4 年生枝条皮缝、当年生枝条基部、主干皮缝、树孔、果柄基部等处越冬。翌春 4 月中下旬出蛰为害幼嫩枝叶，6 ～ 9 月为各代若虫为害盛期，主要为害果实，以第 3 代为害最重。

【防治方法】成虫、若虫：①在春季发芽前，喷施石硫合剂，结合冬剪剪去虫枝，集中烧毁。②可喷洒 20% 杀灭菊酯 3000 倍液、20% 菊马乳油 1000 ～ 2000 倍液。喷有虫枝干 1 次，此时虫体保护层比较少，药液可直接杀死若虫。危害严重的果园，7d 后再喷洒 1 次。

11 绣线菊蚜

【分类地位】绣线菊蚜 Aphis citricola (Van der Goot) 属同翅目蚜科。

【寄主】杂食性，寄主植物非常广泛，有苹果、桃、李、杏、海棠、梨、木瓜、山楂、石榴、柑橘、多种绣线菊、榆叶梅等多种植物；在安阳主要发现于苹果、杏、李、梨等植物上。

【分布与危害】分布于黑龙江、吉林、辽宁、河北、河南、山东、山西、内蒙古、陕西、宁夏、四川、新疆、云南、江苏、浙江、福建、湖北、台湾等地，在安阳地区主要分布在林州市。

以若蚜和成蚜刺吸新梢汁液为主，严重时也可为害幼果。被害新梢上的叶片凹凸不平并向叶背横卷变曲，影响新梢生长发育。虫量大时，新梢及叶片表面布满黄色蚜虫，且其分泌物污染果面和叶片，影响果实的外观品质。

【形态特征】

成虫 无翅胎生雌蚜：体长约1.65mm，宽约1mm，纺锤形，春季常见呈现黄色或黄绿色，夏季则多呈鲜黄色，在绿色的叶片或嫩梢上，非常鲜明而突出。腹管圆柱形向末端渐细，尾片圆锥形，生有10根左右弯曲的毛，体两侧有明显的乳头状突起，尾板末端圆，有毛12根或13根。有翅胎生雌蚜：体略小于无翅胎生雌蚜，体长约1.6mm，翅展约4.5mm。头、胸部和腹管、尾片均为黑色，腹部呈黄绿色或绿色，两侧有黑斑。复眼暗红色，口器黑色伸达后足基节窝，触角丝状6节，较体短，第3节有圆形次生感觉圈6～10个，第4节有2～4个圆形次生感觉圈，体两侧有黑斑，并具明显的乳头状突起。尾片圆锥形，末端稍圆，有9～13根毛。

卵 长0.5～0.57mm，椭圆形，两端微尖，初产橘黄色，渐变黄褐、暗绿色，孵化前黑色，有光泽。

若虫 鲜黄色，触角、复眼、足和腹管均为黑色。无翅若蚜腹部较肥大、腹管短；有翅若蚜胸部发达，翅芽、腹部正常。

绣线菊绵蚜若虫（王相宏 摄）

【生物学特性】该虫在安阳地区1年发生10代以上，以卵在枝杈、芽旁及皮缝处越冬。翌春寄主发芽后越冬卵孵化为干母，4月下旬于芽、嫩叶背面及新梢顶端危害，8～12d后发育成熟，进行孤雌生殖危害到秋末，最后1代进行两性生殖。该虫6～7月危害最为严重，枝梢、叶柄、叶背全是蚜虫，8～9月受降雨影响，虫口密度明显下降，10～11月产生有性蚜交配产卵，以卵越冬。

绣线菊蚜成虫具有趋性，能被黄色吸引，并具有迁飞能力。其虫有孤雌生殖和两性生殖2种繁殖方式，以有性生殖方式产生的卵越冬，卵孵化后就开始以无性生殖方式在果树嫩梢、嫩叶上吸取汁液。每个无翅蚜每天可胎生若蚜数个至数10个，可在短期内达到一定规模而造成危害，遇到高温干旱时危害更为严重。当群体拥挤、营养条件太差时，则产生有翅雌蚜迁飞到其他植物新嫩梢，危害范围迅速扩大。

【防治方法】发生期：①利用有翅蚜的趋黄性，5～6月悬挂黄板，直接进行诱杀。②在无翅蚜高峰期，可用50%灭蚜松可湿性粉剂或50%避蚜雾可湿性粉剂2000倍液进行喷洒，也能取得很好的效果。③在果园种植杂草，可改变田间小气候，培养捕食性天敌，如猎蝽、瓢虫、草蛉、食蚜蝇和食蚜瘿蚊，培育寄生性天敌，也能降低种群数量。

12 刺槐蚜

【分类地位】刺槐蚜 Aphis robiniae(Macchiati)属同翅目蚜科。

【寄主】杂食性，寄主植物有200余种， 除为害刺槐外，还为害国槐 、紫穗槐等；在安阳地区寄主植物主要是刺槐、国槐。

【分布与危害】分布于辽宁、北京、河北、山东、江苏、江西、河南、湖北、新疆等地。在安阳地区均有分布。

以若蚜和成蚜刺吸新梢汁液为主，多群集于槐树嫩芽及新叶处吸食液汁，使芽梢枯萎、嫩叶卷曲，并分泌蜜露，常引起病菌繁殖，发生煤污病，严重影响刺槐正常生长。

【形态特征】

成虫 有翅胎生孤雌蚜体长卵圆形，长约2.0mm，黑或黑褐色；翅透明；触角长1.4mm；腹部色稍淡，有黑色横斑纹；腹管长管形，长0.4mm；尾片长锥形，有曲毛5～8根。无翅胎生雌蚜体卵圆形，体长约2.3mm，较肥胖，漆黑或黑褐色，少有黑绿色，有光泽；附肢淡色间黑色；额瘤稍隆起；触角长1.4mm；喙稍超过中足基节；腹管长度为体长的 1/5；尾片长锥形，有曲毛 6 ～ 7 根。

若蚜 长约 1mm，花褐色或黑褐色，腹管较长。

卵 卵长约 0.5mm，黄褐色或黑褐色。

刺槐蚜（安建宁 摄）

【生物学特性】刺槐蚜在安阳地区 1 年发生 20 余代，以卵或若蚜在杂草中越冬。翌年 3 月在越冬植物上大量繁殖，4 月中、下旬产生有翅胎生雌蚜迁飞至寄主上危害，5 月初发生第 2 次迁飞高峰，扩散到寄主植物上危害。随着气温的升高，蚜虫数量快速增长，5 ～ 6 月为危害盛期。7 月，种群数量下降，但分布在阴凉处寄主植物上的蚜虫仍继续繁殖危害。到 10 月，在紫穗槐等新发嫩芽上繁殖为害，以后逐渐产生有翅蚜迁飞至越冬寄主上繁殖危害。

无翅胎生雌蚜在日平均气温 -2.6℃时，有的个体开始繁殖，至 -0.1℃时，繁殖个体占 21.85%。最适合繁殖温度为 19 ～ 22℃。低于 15℃和高于 25℃时，繁殖受到影响。温度和降雨是决定该种群数量变动的主要因素，相对湿度 60% ～ 75%，有利于其繁殖，当达到 80% 以上时，繁殖受阻，种群数量下降。

【防治方法】

若蚜、成蚜：①刺槐蚜发生初期、大量的越冬卵孵化后树叶卷叶前，用棉签蘸 10 倍液 40% 氧化乐果乳剂涂抹树干一圈，外用塑料布包裹绑扎；②发生大量蚜虫时，喷洒 2000 倍 10%吡虫啉可湿性粉剂 3000 倍液，或 10% 蚜虱净可湿性粉剂 3000 ～ 4000 倍液，或 2.5% 溴氰菊酯乳油 3000 倍液；③保护和利用瓢虫、草蛉、小花蝽、蚜茧蜂、食蚜蝇和食虫虻等天敌，同时可施放草蛉和蜘蛛等槐蚜的捕食性天敌。

卵：每年秋、冬季消灭越冬卵，可喷石硫合剂。

13 桃粉大尾蚜

【分类地位】桃粉大尾蚜 Hyalopterus amygdale（Blanchard）属同翅目蚜科大尾蚜属。

【寄主】越冬及早春寄主有桃、李、杏、梨、樱桃、梅等果树及观赏树木；夏、秋寄主为禾本科杂草；在安阳地区主要危害李、桃、苹果、杏等。

【分布与危害】国内几乎各桃产区均有分布，在安阳地区主要分布于林州市。

成虫、若虫群集于新梢和叶背刺吸汁液，被害叶片失绿并向叶背对合纵卷，卷叶内积有白色蜡粉，严重时叶片早落，嫩梢干枯，排泄蜜露，常导致煤污病发生，影响植株生长和观赏价值。

【形态特征】

成虫 有翅胎生雌蚜约体长 2mm，翅展约 6.6mm，头胸部暗黄色，腹部绿色，体被白蜡粉。无翅胎生雌蚜体长约 2.4mm，体绿色，被白蜡粉，复眼红褐色，腹管短小，黑色，尾片大，黑色，圆锥形。

若虫 与成蚜相比，体型较小，体绿色，被白粉；有翅若蚜胸部发达。

卵 椭圆形，长约 0.7mm，初产黄绿色，后变灰黑色。

桃粉大尾蚜（王相宏 摄）

【生物学特性】在安阳地区 1 年发生 10 余代。以卵在芽腋处和枝条缝隙处越冬；3月花芽萌动时，越冬卵孵化，产生无翅雌蚜，初期群集于嫩梢、叶背上危害繁殖；5～6月繁殖最盛，危害最重，并产生大量的有翅胎生雌蚜迁飞到禾本科植物上危害繁殖；10～11月产生有翅蚜返回果树上危害，并产生有性蚜，交尾、产卵，越冬。

安阳5～6月是桃粉蚜繁殖危害盛期，适温15～28℃，繁殖最适宜温度是24～26℃。降雨对嫩梢上的蚜虫有冲刷作用，减少蚜虫数量。春季桃树所抽嫩梢、嫩叶越多，繁殖快，春季完成1代只需10～13d，而秋季老叶上完成1代则需25d以上。春季桃树抽梢快，嫩叶多，以无翅孤雌蚜繁殖危害，夏季桃树嫩叶少，营养老化，有翅蚜大量出现。

【防治方法】成虫、若虫：①清除周围杂草，切断其中间寄主。②危害盛期，及时进行喷药防治。药剂可用溴氰菊酯1000～1500倍液，10%吡虫啉可湿性粉剂2000～3000倍液，或10%蚜虱净可湿性粉剂3000～4000倍液。③注意保护瓢虫、草蛉、食蚜蝇等天敌，并引迁天敌。

卵：人工刮除粗糙的树皮，消灭越冬卵；寄主发芽前可喷洒5%柴油乳剂，或5波美度石硫合剂。

14 栾多态毛蚜

【分类地位】栾多态毛蚜Periphylluskoelreuteria（Takahaxhi）属同翅目毛蚜科多态毛蚜属。

【寄主】主要危害黄山栾。

【分布与危害】在安阳地区均有分布。

危害栾树嫩梢、嫩芽、嫩叶，主要刺入植物的茎、叶及幼嫩部位，吮吸汁液，使叶片卷缩变形，干枯死亡、枝叶生长停滞，严重时嫩枝布满虫体，影响枝条生长，造成树势衰弱，甚至死亡。

【形态特征】

成虫　无翅孤雌蚜体长为3mm左右，长卵圆形。黄褐色、黄绿色或墨绿色，胸背有深褐色瘤3个，呈三角形排列，两侧有月牙形褐色斑。触角、足、腹管和尾片黑色，尾毛27～32根。有翅孤雌蚜体长为 3mm，翅展 6mm 左右，头和胸部黑色，腹部黄色，体背有明显的黑色横带。越冬卵椭圆形，深墨绿色。若蚜浅绿色，与无翅成蚜相似。

【生物学特性】栾多态毛蚜在安阳 1 年数代，环境温度适宜时，5 ～ 7d 可完成 1 代。以卵在芽缝、树皮伤疤、树皮裂缝处越冬。次年早春芽苞开裂时，母雌虫就危害幼枝及叶背面，3 月中下旬至 4 月上旬栾树刚发芽时，越冬卵孵化为若蚜，此时多栖息在芽缝处，与树芽颜色相似。4 月上中旬无翅雌蚜形成，开始胎生小蚜虫；4 月中下旬出现大量有翅蚜，进行迁飞扩散，虫口大增；4 月中下旬～ 5 月份危害最严重，枝条嫩梢、嫩叶布满虫体，吸食树木养分，受害枝梢弯曲，叶片卷缩，严重时人在树下行走感觉树在“下雨”，树枝、树干、地面都洒下许多虫尿，既影响树木生长，又影响环境卫生；6 月上中旬后，虫量逐渐减少；至 10 月中下旬有翅蚜迁回栾树，并大量胎生小蚜虫，危害一段时间后，产生有翅胎生雄蚜和无翅胎生雌蚜，交尾后在树上产卵越冬。

【防治方法】

（1）若蚜初孵：喷洒蚜虱净 2000 倍液、土蚜松乳油。

（2）初发期：及时剪除树干上虫害严重的萌生枝，消灭初发生、尚未扩散的蚜虫。

15 杨树毛白蚜

【分类地位】杨树毛白蚜 Chaitophorus populialbae（Panzer）属同翅目蚜科。

【寄主】主要寄主有杨树、柳树等；在安阳地区主要危害桃、杨、柳树、苹果等植物，以毛白杨的危害最为严重。

【分布与危害】国内分布于北京、河南、宁夏、山西等地，在安阳主要分布在内黄县。

成虫、若虫群集枝条、嫩芽、嫩枝梢、叶柄、叶面吸食汁液。受害叶片较正常叶片干硬，并排出大量黏液，布满树枝和叶片，招致煤污病，引起早期落叶。随着煤污层的堆积，整个枝条下垂，对树木和幼苗生长危害很大。

【形态特征】

成虫　有翅孤雌胎生蚜：体长约 2.1mm，宽 1.3mm，绿色，头部黑褐色，复眼赤褐色，喙浅绿色，其端部色较深。触角和足为浅黄绿色，但触角第 5、6 节端部、足的跗节和爪均为黑褐色，翅痣灰褐色。前胸背面中央有一黑色横带，中、后胸黑色。腹部背面有 6 条黑色横带，上、下两条较细并与其邻近的黑带距离较远，中间两条最粗。无翅孤雌胎生蚜：体长 1.9mm，宽 0.86mm，椭圆形，绿色。头部、前胸浅黄绿色。足和触角的色泽与有翅孤雌胎生蚜相同。腹部背面中央有一深绿色马蹄形斑，中央颜色变浅。

若虫　初产幼蚜体长约 0.7mm，除复眼为赤褐色外，其余为白色，以后体色逐渐变深为绿色，老熟时腹部背面出现斑纹。

卵　黑色，长圆形。

【生物学特性】安阳地区 1 年发生 20 代左右，以卵在当年生枝条上、芽腋处越冬，3 月中旬越冬卵在杨树等树叶芽萌发时开始孵化，下旬为孵化盛期，4 月上旬孵化结束，4 月中下旬有翅蚜开始大量繁殖、扩散危害，7 月、8 月多雨，发生量下降，9 月少雨，发生量又重新增加，10 月孤雌胎生雄性蚜和雌性产卵蚜，10 月中旬至 11 月上旬交配产卵越冬，产卵盛期在 10 月下旬。

翌春叶芽萌发时孵化，干母多栖息新叶背面，常见每叶 1 头，少数有 2 头。干母出现后 15 ～ 20d 就可见到大量有翅孤雌胎生蚜，飞迁到附近幼林、苗圃当年生留茬苗，埋条苗和插条苗上，每个叶背常有 1 ～ 10 个不等，往往在一片叶背产满幼蚜后，又转移到另一叶上繁殖。其后各代都产无翅和有翅的孤雌胎生蚜，但以前者数量为多。每头孤雌胎生蚜可繁殖幼蚜 25 ～ 54 头，平均 41 头。危害以叶片背面为主，偶尔也寄生在叶正面。 大树下根际条和低矮散生树一般虫口密度大。每代经历日期长短不一，一般 7 ～ 14d，夏季 11 ～ 12d。

【防治方法】成虫、若虫：①在早春展叶后，大量有翅孤雌胎生蚜迁飞以前喷洒 5% 吡虫啉乳油 2000 ～ 3000 倍液，或 24.5% 阿维菌素乳油 2000 ～ 3000 倍液，或 2.5% 功夫乳剂 1500 ～ 2000 倍液，或 40% 氧化乐果 2000 倍液等。②可以利用高压喷水来杀死或冲洗掉大量的蚜虫，春季如遇到干旱的情况，可利用补充水分的机会，用喷水来控制虫口密度，减少蚜虫的发生。③注意保护和利用蚜虫天敌，杨白毛蚜的天敌主要有七星瓢虫、异色瓢虫、龟纹瓢虫、中华草蛉、杨腺溶蚜茧蜂、食蚜蝇等。利用人工迁移瓢虫、食蚜蝇等天敌，也能进行有效的防治。

卵：在早春花木发芽前用清水冲洗枝干和芽部，把越冬卵冲刷掉；寄主发芽前可喷洒5%柴油乳剂，或5波美度石硫合剂，杀死越冬卵。

16 梨木虱

【分类地位】梨木虱Psylla chinensis（Yang et Li）属同翅目木虱科木虱属。

【寄主】危害寄主单一，主要发生在梨树上；在安阳地区也主要危害梨树，以晚秋黄梨最为严重。

【分布与危害】国内各梨产区均有发生，尤以东北、华北、西北等北方梨区发生普遍，在安阳地区均有分布。

以成虫和若虫刺吸芽、叶及嫩梢的汁液为害。若虫能分泌大量蜜露，滋生黑霉菌污染叶片和果实，常使叶片粘连在一起，影响光合作用，危害严重时导致梨树落叶，出现二次萌芽和开花现象，造成树势早衰，严重影响产量和果实品质。

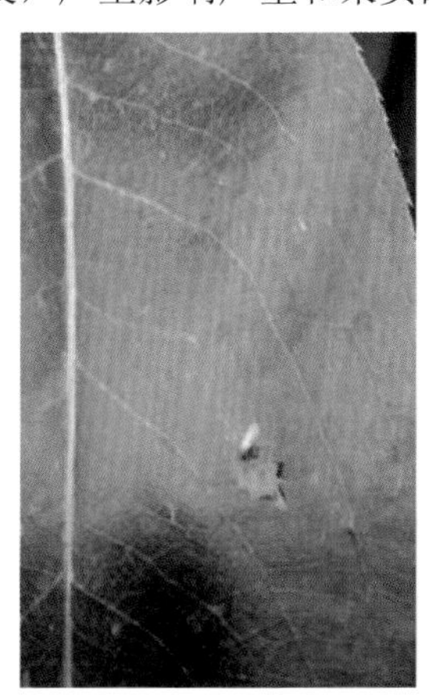

梨木虱成虫（王玉峰 摄）

【形态特征】

成虫 成虫分为冬季型和夏季型。越冬成虫较大，体长约 5mm，褐色或深褐色，具黑褐色斑纹，翅透明，翅脉褐色。夏季型成虫略小，体长约 4mm，黄绿色，单眼 3 个，翅上无斑纹，静止时翅呈屋脊状叠于体上，前翅色略黄，翅脉淡黄褐色。雌虫腹部粗大，而雄虫细小。

若虫 初孵若虫扁椭圆形，体型小，似针尖，活跃，爬行快，早春为淡黄色，夏季白色，3 龄后呈扁圆形，绿褐色，翅芽显著增大，晚秋若虫褐色。

卵 椭圆形，一端尖细，并延伸成 1 根长丝，一端钝圆，其下具有 1 个刺状突起，固着于植物组织上。初时淡黄白色，后为黄色。

【生物学特性】安阳地区 1 年发生 5 ～ 6 代，以成虫在落叶、杂草、土石缝隙及树皮缝内越冬，翌年 2 月下旬至 3 月上旬出蛰，3 月中旬在梨树发芽前开始产卵，到 4 月 20 日左右结束，卵孵化盛期在 4 月中旬。孵化的若虫开始危害花序，危害盛期在 4 月下旬和 5 月上旬。5 月中旬第 1 代成虫出现，第 2 代成虫在 6 月中旬出现，第 3 代成虫在 7 月上旬出现，第 4 代成虫在 8 月中旬出现，在 9 月中旬出现的第 5 代成虫则全部为冬季型。当第 1 代若虫大量出现后，世代相互重叠，栖居场所不一，以 6 ～ 7 月危害最严重。

成虫活泼善跳，越冬代成虫出蛰后在温度很低时，活动力差，且无显著的假死习性。此代成虫寿命很长，卵主要产在果枝的叶痕上，多在嫩梢、新叶和花蕾等幼嫩组织处产卵，以后各代卵大多产在叶面中脉沟、叶柄沟、叶绒毛或叶缘锯齿内。成虫生殖力强，卵期一般 9 ～ 15d，平均每头雌虫产 290 ～ 350 粒卵，孵化率为 82.2%。第 1 代若虫孵化后，为害初萌发的芽，常钻入已裂开的芽内，为害嫩叶及新梢，此后各代若虫多在叶片上（正反面均有）为害，且分泌大量蜜汁黏液。若虫一般 4 ～ 5 龄，历时 18 ～ 22d。在盛夏高温多雨季节，不适于梨木虱生长发育，自然死亡率加大。

【防治方法】成虫、若虫：①早春刮老树皮，清洁果园。②2 月底 3 月初成虫出蛰期是第 1 个化防关键时期，梨落花 85% 左右时，正是梨木虱第 1 代卵孵化结束，绝大多数处于 1 龄若虫，是第 2 个化防关键时期。在这两个时期，可以喷洒 1.8% 阿维菌素 4000 倍、25% 吡虫啉可湿性粉剂 5000 倍、3% 啶虫脒 2500 倍等。③梨木虱的天敌有花蝽、草蛉、瓢虫、寄生蜂等，以寄生蜂控制作用最大，卵自然寄生率达 50%以上，保护利用自然天敌，禁止高毒高残留农药使用，避免对有益生物的杀伤。

17 大青叶蝉

【分类地位】大青叶蝉 Cicadella viridis (Linnaeus) 属同翅目叶蝉科。

【寄主】危害白三叶、早熟禾、海棠、桃等园林和果树植物，在安阳主要危害泡桐和国槐。

【分布与危害】国内主要分布华北、东北、西北、华中等地，在安阳地区均有分布。

常以若虫群居于叶片刺吸汁液，使受害叶片沿主脉向背面弯曲成半月形，严重时皱缩成团，虫体分泌黏液，并引起煤污病，污染叶面和果面，导致果实发育不良，品质下降。被害严重的枝条或树干上伤疤累累，第二年开春卵孵化后，枝条或幼树伤口由于失水而抽条，最后干枯死亡。此外，还可以传播病毒。

【形态特征】

成虫 雌虫体长约 9.8mm，头宽约 2.5mm，雄虫体长约 8mm，头宽约 2.4mm。头部正面淡褐色，两颊微青，在颊区近唇基缝处左右各有一小黑斑，触角窝上方、两单眼之间有 1 对黑斑。复眼绿色。前胸背板淡黄绿色，后半部深青绿色。小盾片淡黄绿色，中间横刻痕较短，不伸达边缘。前翅绿色带有青蓝色泽，前缘淡白，端部透明，翅脉为青黄色，具有狭窄的淡黑色边缘。后翅烟黑色，半透明。腹部背面蓝黑色，两侧及末节淡为橙黄带有烟黑色，胸、腹部腹面及足为橙黄色，附爪及后足腔节内侧细条纹、刺列的每一刻基部为黑色。

若虫 初孵化若虫为白色，微带黄绿。头大腹小，复眼红色，体色渐变淡黄、浅灰或灰黑色。3 龄若虫开始出现翅芽。老熟若虫体长约 7mm，头冠部有 2 个黑斑，胸背及两侧有 4 条褐色纵纹直达腹端。

卵 白色微黄，长卵圆形，长约1.6mm，宽约0.4mm，中间微弯曲，一端稍细，表面光滑。

大青叶蝉（董玖莉 摄）

【生物学特性】安阳地区一年发生3代。以卵在白三叶及杂草茎秆或木本寄主嫩枝表皮内越冬。翌年4月中旬至5月初孵化，第1代成虫4月中旬至7月上旬，第2代成虫6月上旬至8月中旬，第1、2代成虫在农作物和蔬菜上危害，第3代成虫7月中旬至11月中旬，从9月下旬开始迁移到果树产卵，10月中下旬为产卵盛期，并以卵越冬。

成虫有较强的趋光性和趋绿性，常群集为害，成虫在午间高温时较为活跃，早晨、黄昏温度较低时常潜伏不动。成虫产卵于1～2年生枝条上，产卵处有一月牙形伤口，内有卵7～10粒，每雌虫产卵300余粒。夏、秋季卵期9～11d，越冬卵期长达5个月以上。孵化一般在早晨，以7时半至8时为孵化高峰。若虫孵出后1h开始取食。1d以后，跳跃能力渐渐强大。初孵若虫常喜群聚取食。

【防治方法】成虫、若虫：①在成虫高峰期点火堆诱杀或灯光诱杀，使成虫飞向火光或灯光，再进行人工捕捉。②成虫早晨不活跃，可以在露水未干时，进行网捕。③分别于5月中旬和7月中旬成虫侵入产卵时，喷洒乐果2000～3000倍液，每7天一次，共3次。可杀死和阻止成虫产卵为害，且能减轻下一代发生为害。④当雌成虫转移至树木产卵以及4月中旬越冬卵孵化，幼龄若虫转移到矮小植物上时，虫口集中，可以用90%敌百虫晶体、80%敌敌畏乳油、50%辛硫磷乳油喷杀。⑤注意保护和利用天敌。

卵：冬季和早春结合管理，清除周围杂草，减少越冬虫源。

18 桃小绿叶蝉

【分类地位】桃小绿叶蝉 Empoasca flavescens (Fabricius) 属同翅目叶蝉科。

【寄主】食性很杂，主要危害桃、李、杏、樱桃、苹果等，在安阳地区主要危害李、碧桃、红叶李、柳等。

【分布与危害】国内大部分省份均有分布，在安阳地区均有分布。

以成虫或若虫在叶片背面刺吸汁液，寄主萌芽时，为害嫩叶、花萼和花瓣，形成半透明斑点；落花后，集中危害叶片，轻者叶片出现分散的失绿小白点，重者全叶变成苍白色，引起早期落叶，严重影响树势发育和花芽形成，甚至出现当年二次开花，次年减产。

【形态特征】

成虫 成虫体长约3.5mm，通体淡绿色。翅半透明，略呈革质，白色微带绿色，头部中央有一圆形黑点，中胸背板有3个黑斑，覆盖于前胸背板下，身体腹面淡黄绿色，但中胸腹板黑褐色，善跳跃。

若虫 形状与成虫相似，无翅，身体黄绿色，复眼紫黑色。

卵 长椭圆形，一端稍尖，长约0.8mm，产于叶片背面主脉组织中。

【生物学特性】安阳地区一年发生4代，个别年份5代，以成虫在落叶、石缝、桃园附近的常绿叶丛中或杂草中越冬。翌年3～4月，寄主萌芽后，开始从越冬场所迁飞到寄主嫩叶上刺吸为害，成虫产卵于叶背主脉内，近基部处较多，少数在叶柄内。第1代若虫发生期在5月下旬，若虫孵化后，群集于叶背吸食为害。第1代成虫发生于6月初，第2代7月上旬，第3代8月中旬，第4代9月上旬。以6月下旬至9月种群数量较多，为害较重。第4代成虫于10月在常绿树丛中越冬。

成虫喜栖息于叶背，以天气晴朗时行动活跃为害较重，在早晨（6：00～7：00）和傍晚（16：00～17：00）较为活跃，最适温度15～25℃，雨量大或久晴不雨，干燥时间过长不利于其种群繁殖。成虫受惊则善跳，并可借风力飞翔传播扩散。越冬成虫取食寄主植物后即交尾产卵，卵 90% 产于叶片主脉内，少数产于新梢及其他部位。雌虫一生产卵 46 ～ 165 粒，卵期 7 ～ 16d。若虫期 10 ～ 25d，共 5 个龄期。若虫有群集危害叶背的特性，受惊时横行逃脱。由于出蛰不整齐和成虫寿命较长，常常世代交错，各种虫态混杂发生。

【防治方法】成虫、若虫：①秋冬季节，彻底清除落叶，铲除杂草，集中烧毁，消灭越冬成虫。② 5 月下旬第 1 代若虫密度不大、易群集，及时喷洒 90% 敌百虫 1500 倍液防治。6 月下旬开始大量发生时，结合防治其他害虫喷洒 20% 速灭杀丁乳油 2000 倍液。

19 栎空腔瘿蜂

【分类地位】栎空腔瘿蜂 Trichagalma acutissimae（Monzen）属膜翅目瘿蜂科。

【寄主】栓皮栎。

【分布与危害】主要分布于河南省安阳、新乡、焦作、济源的南太行山区，安阳地区主要发现于林州市。

以幼虫吸取栓皮栎叶片汁液，并刺激叶片被害处形成球状虫瘿，不仅影响叶片的光合作用，而且极度消耗树体营养，严重削弱树势，造成叶片早落，甚至死亡。

【形态特征】

成虫　雌虫长约 1.85mm，雄虫长 1.90mm。触角棕色，具有均匀一致的白毛，下颜面光滑且有光泽。前胸背板弱皮质，并有不规则皱褶，在其边缘有明显的沟。中胸侧板中央有白线，肛下板浅色，下颌骨褐色，齿为黑色，其余为黑色。前翅翅面多毛，并有缘毛，径室开放型，径室长为宽的 3.6 倍（雄虫 3.4 倍），翅脉间隙大，三角形，Rs+M 脉到达翅基脉的 1/3。后翅具有浓密刚毛，R+Sc 翅脉旁具有 3 个翅钩。爪简单，没有基齿。

卵　圆形，长约 0.2mm，乳白色。末端有一根细长的丝，约为卵长的 3 倍。卵表面具有一层较厚的卵鞘，淡灰色。

幼虫　乳白色，身体略呈“C”形，中间略膨大。口器退化，仅剩有一对呈褐色的发达上颚。老熟幼虫复眼暗红色，体长约 2mm。

蛹 长约2.5mm，初蛹白色，近羽化时，蛹体逐渐变黑。

栎空腔瘿蜂危害状（王相宏 摄）

【生物学特性】该虫在安阳1年发生1代，以卵在栓皮栎花芽内越冬，翌年4月上旬，在栓皮栎雄花序上形成虫瘿，有性成虫在4月中旬羽化出孔。有性成虫羽化历期主要集中在4月12～24日，无性成虫羽化历期从11月上旬羽化开始，到12月中旬羽化结束，一般为30多天。雌成虫交尾后，产卵于栓皮栎嫩叶侧脉，5月中旬在叶片侧脉处形成球形虫瘿，幼虫在虫瘿内取食危害，9月上旬开始化蛹，11月上旬成虫羽化出孔。

有性成虫喜欢在有光照及静风下活动，呈聚集型分布，8～10时和16～17时为成虫活动高峰，无性成虫在晴天10～14时为活动高峰。有性成虫日出瘿高峰为4～8时，无性成虫日出瘿高峰为8～12时。卵产于栓皮栎嫩叶侧脉内，有性雌虫平均怀卵量55粒，无性雌虫平均怀卵量91粒。有性成虫出瘿后存活时间平均为3.3d，无性成虫平均为5.9d。卵孵化后，刺激叶脉形成球形虫瘿，虫瘿主要分布在叶片正面，较重时可分布于叶片正反两面。幼虫于虫室内隐蔽吸取汁液，初期虫室很小，幼虫难于看见，后期虫室增大，形成直径1mm的圆球，剖开圆球，可见其中的白色幼虫。

【防治方法】卵：当栓皮栎雄花序虫瘿成虫出瘿率达30%，或嫩梢、嫩叶上有大量成虫活动时，用40%的毒死蜱乳油复配（含乙酰甲胺磷26.7%、毒死蜱13.3%）350倍液开始进行叶面喷雾，10d后进行第二次喷雾。

第三节　蛀干害虫

1 红脂大小蠹

【分类地位】红脂大小蠹 Dendroctonus valens（LeConte）鞘翅目小蠹科大小蠹属。

【寄主】危害油松、华山松和白皮松等松科植物，在安阳主要以油松为寄主。

【分布与危害】此虫为林业检疫性害虫。1998 年首次在我国山西省发现，其危害程度日趋严重，现已扩展到河南、河北和陕西等地。在安阳主要分布于林州市。

红脂大小蠹攻击新伐桩或被其他小蠹虫侵染树，一旦建立种群后，便可侵害外表健康树木。飞出后的成虫主要侵害中龄以上的健康油松，而且该虫的侵害为其他小蠹虫、吉丁虫、天牛、象甲等的侵害创造了条件，是导致油松大量枯死的先锋虫种和主要虫种。

【形态特征】

成虫　体长 5 ～ 8mm，平均长 7.3mm，体长为体宽的 2.1 倍。老熟成虫呈红褐色。头部额面具不规则的小隆起，额区具稀疏的黄色毛，头盖缝明显，口上缘片中部凹陷，口上突两侧臂圆鼓突起，在口上缘片中部凹陷处着生黄色刷状毛。前胸背板的长宽比为 0.73:1，前胸前缘中央稍呈弧形向内凹陷，并密生细短毛，近前缘处缢缩明显，前胸背板及侧区密布浅刻点，并具黄色毛。鞘翅长宽比 1.5:1，翅长与前胸长度之比为 2.2:1；鞘翅斜面第 1 沟间部基本不起，第 2 沟间部不变狭窄，也不凹陷；各沟间部表面均有光泽；沟间部上的刻点较多，在纵中部刻点凸起呈颗粒状，有时前后排列成纵列，有时散乱不成行列。

卵　圆形，乳白色，有光泽，长约 1mm，宽约 0.45mm。

幼虫　无足，蛴螬型，长 1 ～ 12mm 不等。体初为浅白色，后渐变橘红色、红色到红褐色。

蛹　长约 9mm，羽化前浅白色，渐变黄色至暗红色。

红脂大小蠹危害状（王相宏 摄）

红脂大小蠹卵（王相宏 摄）

红脂大小蠹幼虫（王相宏 摄）

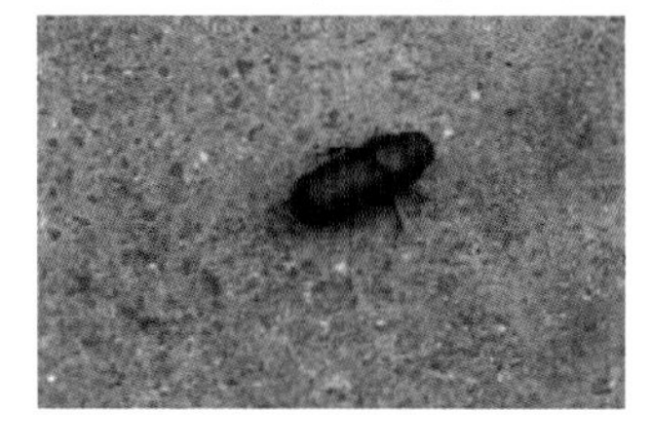

红脂大小蠹成虫（王相宏 摄）

【生物学特性】在安阳地区多为 1 年发生 1 代，以成虫、蛹或不同龄期的幼虫在树干基部及根部的皮内越冬，少数以蛹或成虫越冬。越冬幼虫第 2 年 5 月下旬开始化蛹，7 月中旬为化蛹盛期，8 月上中旬为盛末期。成虫 7 月中旬开始出现，8 月上旬达到盛期，9 月上旬为盛末期。成虫 7 月中旬开始产卵，产卵盛期为 8 月中下旬，盛末期为 9 月上旬。7 月下旬出现幼虫，9 月上旬为盛期，9 月中旬为盛末期。幼虫于 10 月上中旬进入越冬期。以成虫越冬的，越冬成虫 5 月上旬从虫道内飞出，侵害新树，5 月下旬开始产卵，6 月上旬为产卵盛期，6 月下旬为孵化盛期，8 月上旬幼虫开始化蛹，8 月中旬成虫开始羽化，9 月中旬达羽化盛期，11 月中旬以成虫越冬。

红脂大小蠹的飞行能力很强，最远飞行可达 16km 以上。雌成虫侵入合适的寄主，蛀入到皮层内后，释放诱集素引诱雄成虫在较短的时间内进入坑道进行交配，可交配一次或多次，交配一次所需时间 1 ～ 4min。成虫产卵于母坑道的一侧，呈多层次排列，无单个产卵室；每头雌虫在母坑道内产卵数量为 35 ～ 157 粒，平均 100 粒左右，雌雄性比为 1 ∶ 1，卵期 10 ～ 14d。孵化后，幼虫群集取食形成扇形坑道，幼虫共有 4 龄，幼虫发育历期 60d。幼虫发育完成后，沿着坑道形成彼此分离的蛹室。蛹期 11 ～ 13d，初羽化成虫停留在蛹室约 7d，直到外骨骼硬化且颜色变红褐色。新成虫转群停留坑道 10 ～ 20d，后多数成虫于同一羽化孔钻出扬飞。

【防治方法】成虫（7 ～ 9 月）：①在成虫扬飞期，在树干基部（1m 以下）喷洒触杀类药剂，如绿色威雷等，可有效阻止红脂大小蠹传播。②在重度发生区，害虫相对集中的地方设置伐桩或悬挂诱捕器在成虫扬飞期诱杀成虫，有效降低虫口密度。③在 11 月底以后到翌年 1 月底，对枯死、濒死木进行砍伐，并进行除害处理。④扬飞后越冬前，用医用注射器从侵入孔注入具有熏蒸、触杀作用的药剂，如敌敌畏、虫线清等，或塞入毒丸、毒签，施药后用凝脂或湿泥把侵入孔堵死。⑤在每年 5 ～ 9 月，用塑料布捆扎侵入孔 3 个以上的树干基部 1m 以下部位，在塑料布内放置 3 ～ 5 粒磷化铝片剂。⑥在树坑基部 1.5m 范围内，按每平方米撒入毒死蜱或甲拌辛颗粒剂 50g，浅翻土壤 15 ～ 20cm 深，适时浇水，杀死根部附近的成虫。

2 光肩星天牛

【分类地位】光肩星天牛 *Anoplophoira glabripennis*（Motchulsky）鞘翅目天牛科星天牛属。

【寄主】为害杨、柳、柿、桑、梨、山楂、樱桃、李、梅等树种，在安阳主要以杨、柳为寄主。

【分布与危害】广泛分布于辽宁、河北、山东、河南、湖北、江苏、浙江、福建、安徽、陕西、山西、甘肃、四川、广西等地。在安阳地区均有分布。

幼虫蛀食韧皮部和边材，并在木质部内蛀成不规则坑道，严重阻碍养分和水分输送，影响林木正常生长，导致枝干干枯，甚至全株死亡。

【形态特征】

成虫 雌虫长 22 ～ 38mm，雄虫长 15 ～ 26mm。通体黑色，有光泽，略带紫铜色具金属光泽。头比前胸略小，自后头至唇基有一条纵沟。触角鞭状，共 11 节，基部粗大，第 2 节最小，第 3 节最长，以后各节渐次缩短，第 1、2 节黑色，其余各节端部 2/3 黑色，自第 3 节开始各节基部均呈灰蓝色。前胸两侧各有一个刺状突起。每个鞘翅上有20多个大小不等的白色毛斑，排列成5～6横列，鞘翅基部光滑无小突起。身体腹面及腿部均为蓝灰色。

卵 椭圆形，长约6mm，两端稍弯曲，初产乳白色，近孵化时变为黄色。

幼虫 体长约55mm，初孵幼虫乳白色，取食后淡红色。头褐色，触角3节，粗短。前缘黑褐色，前胸背板黄白色，后半部呈凸字形黄褐色斑纹。胸足退化，第1～7节背腹面各有步泡突一个，背面的步泡突中央具纵沟2条，腹面1条。

蛹 乳白至黄白色，体长30～37mm。触角末端卷曲呈环状，第8节背面有一向上棘状突。

光肩星天牛危害状（张玉忠 摄）

光肩星天牛倒粪孔（张玉忠 摄）

光肩星天牛蛹（张玉忠 摄）

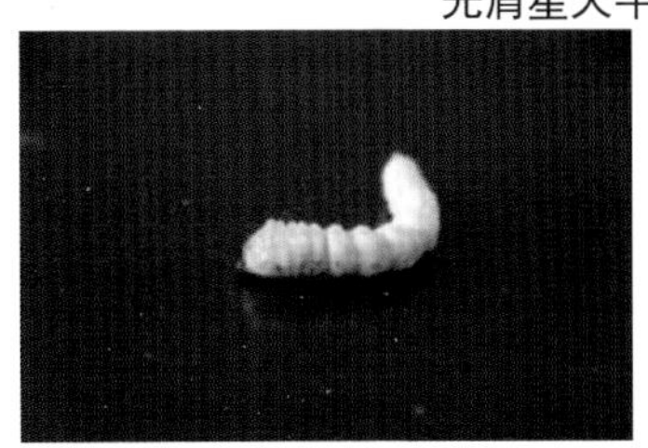

光肩星天牛幼虫（张玉忠 摄）

光肩星天牛成虫（李秋生 摄）

光肩星天牛卵（李秋生 摄）

【生物学特性】在安阳地区，光肩星天牛的生活史较长，2年发生1代或1年发生1代，均以幼虫于隧道内越冬。越冬幼虫于3月下旬开始活动取食，4月末5月初开始在坑道上部筑蛹室，6月中下旬为化蛹盛期，蛹期13～24d。成虫羽化后在蛹室停留6～15d，6月上旬开始咬一个直径约10mm的洞羽化外出，6月中旬到7月下旬为成虫出现盛期，8月上、中旬为末期，但成虫出现期可到10月中旬才结束。

成虫具有趋光性，白天静伏，寿命1～2个月。羽化孔圆形，雌虫寿命3～34d，平均13.5d；雄虫寿命3～15d，平均9.4d。成虫飞出后经2～3d交尾，3～4d后产卵，卵多产于直径在4～5cm以上的枝干上，产卵前先咬一圆形刻槽。每槽只产1粒。产后，母虫排出一种胶状物涂抹产卵孔。雌虫一生能产卵25～32粒，卵期约16d。幼虫首先取食卵槽边缘腐烂变黑部分，逐步向干枝横向取食木质部表层，3龄以后逐渐蛀入木质部内，钻蛀成不规则的坑道。每坑道有1头幼虫，坑道互不相通，一般长62～116mm。10月中旬幼虫在坑道内越冬。

【防治方法】成虫：①利用光肩星天牛白天静伏被害枝上的习性，人工捕捉成虫等。②保护并利用天敌，可人工布挂啄木鸟鸟巢，创造适合啄木鸟的生存栖息环境，扩大种群数量，利用天敌进行生物防控。③塞孔毒杀幼虫。 幼虫取食为害期，将树虫孔内的粪便、木屑掏出，用50%敌敌畏15倍液蘸棉球或磷化铝片剂塞孔，孔外用黏土封死。④主干基部打孔注药防治幼虫。采用电钻在树干基部打下斜侧孔至边材与心材分界处，按胸径施入氧乐果 1.5ml/cm。⑤利用成虫啃食寄主补充营养的习性，可在 6 ～ 7 月在树冠上喷 80% 敌百虫 800 ～ 1000 倍液。

卵：①结合修剪疏枝，便于查看树杈处的天牛虫卵，在产卵期刮除虫卵。②喷药杀卵。在光肩星天牛产卵高峰期，应向树体喷洒辛硫磷 200 ～ 300 倍液，在条件允许下，每 10d 喷洒 1 次，可有效地灭杀刚孵化的天牛幼虫。

3 锈色粒肩天牛

【分类地位】锈色粒肩天牛 *Apriona swainsoni*（Hope）鞘翅目天牛科粒肩天牛属。

【寄主】主要危害槐树、柳、云实、紫铆、黄檀、三叉蕨等园林植物；在安阳地区危害国槐。

【分布与危害】国内分布于河南、山东、江苏、安徽、福建、四川、贵州、云南等地，在安阳地区均有分布。

主要以幼虫在树木主干或侧枝内蛀食危害，为害木质部，破坏树木输导系统为主，严重影响树木生长，危害后期能造成大树死亡。

【形态特征】

成虫　雌虫体长31～44mm，体宽9～13mm，雄虫体长25～34mm，体宽8～12mm。全身褐色，体密被铁锈色绒毛。前胸背板宽大于长，有不规则的粗大颗粒状突起，中、后胸腹面两侧各有1～2个白斑。触角略短于体；深褐色，第1～5节下沿有稀疏短缨毛。前胸背板具粗皱突，前后缘具横凹沟；侧刺突粗壮，先端尖。鞘翅肩角向前微突；鞘翅基部1/5处密布黑色圆形光滑颗粒。翅面散生白色斑点；雌虫腹部末节部分露出鞘翅，产卵器中间呈一凹陷；雄虫腹部全被鞘翅遮盖，腹部末端丛生黄色绒毛。

卵　椭圆形，乳白色，长约 5.2mm，宽约 2mm。

幼虫　长约 58mm，乳黄色，前胸背板褐色，有黄色“八”字形条纹，后部密布锈色颗粒。

蛹　椭圆形，长 35 ～ 40mm，初产乳黄色，到羽化前渐变为褐色。

锈色粒肩天牛成虫和危害状（张玉忠 摄）

【生物学特性】在安阳地区 2 年 1 代。以当年孵化幼虫在树木虫道内越冬。次年 3 月底至 4 月中旬越冬幼虫开始活动蛀食。幼虫历经 2 个冬天，在第 3 年 5 月上旬开始化蛹，5 月下旬为化蛹盛期，6 月上旬为化蛹末期。成虫羽化从 6 月上旬至 7 月上旬，6 月中旬为始盛期，6 月下旬为高峰期，7 月上旬为盛末期。产卵期从 6 月下旬开始延续到 9 月中旬，7 月 10 日前后为始盛期，7 月下旬为高峰期，8 月中旬为盛末期。

成虫羽化时爬出蛹室，咬掉堵塞羽化孔部的愈伤组织，一直爬上树冠，啃食 1 ～ 2 年生枝条嫩皮补充营养。成虫一生多次交尾，多次产卵，夜里爬到树干上产卵，产卵前成虫在树干下部到处乱爬，寻找适宜的树干皮缝，用口器把缝底咬平，把臀部插入，左右摇摆，排出草绿色糊状分泌物，一直摆到缝两端被堵住，中间留 1 个小坑，然后把卵产于坑内，排出草绿色分泌物全部覆盖后，再寻别处产卵。每次产卵从臀部摆动到产完卵，每晚 1 雌虫可产卵 2 ～ 4 粒，1 头雌成虫一生可产卵 43 ～ 133 粒。幼虫孵化后，先向斜上方蛀入皮层，沿韧皮部做横向往复蛀食，随虫龄增长，虫道逐步加宽、加深，然后蛀入木质部边材部分，在皮下韧皮部和木质部边材部分形成扁平状不规则虫道。第 1 年以 3 ～ 4 龄幼虫在虫道末端向木质部深层蛀一纵直穴越冬。第 2 年以 6 ～ 7 龄幼虫在虫道末端做一纵直穴越冬。第 3 年虫道与树干平行，老熟幼虫在纵向虫道末端蛀一纵向蛹室化蛹。初羽化成虫以水平方向向外蛀出羽化孔，从羽化孔爬出。

【防治方法】成虫、幼虫：①6月下旬为成虫羽化高峰期，可在羽化成虫咬破羽化孔飞出之前，用螺丝刀将其捅死。成虫刚从羽化孔钻出时，在树干上爬行且具有群居性，可在此时直接捕捉。②在孵化期（6月下旬至7月下旬）可利用来福灵、速灭杀丁或敌敌畏等50倍液多次喷洒树干杀死初孵幼虫。③在大龄幼虫活动盛期，将来福灵、敌敌畏、速灭杀丁或氧化乐果30倍液用针管注入排粪孔或换气孔，用黄泥将孔封严进行杀虫。④用铁钎沿干基周围不同方位，打孔4～6个，注入氧化乐果原液，每株注射10～12mL，然后用黏泥封口。

卵：①6月下旬至7月上旬为成虫产卵期，初产卵绿色，易辨认，可此时组织人工除卵。②在产卵期可利用来福灵、速灭杀丁或敌敌畏等50倍液多次喷洒树干杀死虫卵及初熟幼虫。

4 云斑白条天牛

【分类地位】云斑白条天牛 Batocera horsfieldi（Hope）鞘翅目天牛科白条天牛属。

【寄主】主要危害杨、核桃、桑、柳、榆、白蜡、泡桐、女贞、悬铃木、苹果和梨等林木和果树；在安阳地区危害核桃、白蜡。

【分布与危害】国内分布于四川、云南、重庆、贵州、广西、广东、台湾、福建、江西、安徽、浙江、江苏、湖北、湖南、河北、山东、陕西等地。在安阳地区均有分布。

幼虫喜欢蛀食核桃的主干和大枝，在木质部钻蛀隧道，造成树干内蛀道纵横交错，破坏树体输导组织，使树势衰弱，严重者可引起树木整株死亡或风折，同时可引起伤口流黑水。

【形态特征】

成虫 体长34～65mm，宽9～20mm，黑褐色至黑色。雄虫触角超过体长约1/3，雌虫触角略比体长，各节下方生有稀疏细刺，前胸背板中央有一对白色或淡黄色肾形斑纹，侧刺突大而尖锐。密布灰白色绒毛，鞘翅上有大小不等的云状白斑，体两侧从复眼后方至最后1节各有1条白色条纹。翅基部密布颗粒状光亮突起，约占鞘翅的

1/4。体两侧自复眼后缘起至尾部止，有一条白色绒毛组成的纵带。

卵 长椭圆形，长 8 ～ 10mm，宽 3 ～ 4mm，略弯曲，初产乳白色，后变为淡黄色，表面坚韧光滑。

幼虫 体长 50 ～ 80mm，乳白至淡黄色，头部深褐色，前胸背板有“凸”字形褐斑，褐斑前方近中线有 2 个黄色小点，内各生刚毛 1 根。后胸及腹部 1 ～ 7 节骨化区由小刺突组成，腹面呈“回”字形。

蛹 体长 40 ～ 70mm，乳白色至淡黄。头部及胸部背面稀生棕色刚毛。腹部 1 ～ 6 节背面中央两侧密生棕色刚毛，末端锥状。雄蛹第 8 腹节腹板后缘平直，第 9 腹节腹板前缘有圆形瘤状突起。

云斑白条天牛成虫（张玉忠 摄）

云斑白条天牛危害状（张玉忠 摄）

【生物学特性】在安阳地区 2 ～ 3 年完成 1 代。多以幼虫或成虫在蛀道内越冬。翌年 4 月下旬开始活动，老熟幼虫在蛀道中化蛹，成虫翌年在 5 月下旬至 6 月陆续飞出树干。5 月为成虫羽化盛期，5 月下旬成虫开始产卵，至 6 月中旬达到产卵盛期。初孵幼虫在树干韧皮部取食，逐步钻入木质部危害，沿树干向上钻蛀，一生只有 1 个排粪孔，幼虫当年在木质部为害至 10 月开始越冬，翌年春季 4 月初开始继续为害。老熟幼虫在虫道顶端做蛹室化蛹，9 月羽化为成虫停留在蛹室越冬，翌年 5 ～ 6 月钻出树干。

成虫有趋光性和假死性，白天多栖息在树干或大枝上，晚上活动取食。成虫受惊一般会坠地，并发出“吱吱”声。成虫啃食当年生新枝嫩皮、叶柄及果柄，补充营养后，开始进行交尾。能多次进行交尾，一般晚上是交尾高峰期。喜好在树干 2m 以下产卵，多选择成年植株，成虫将树皮咬成不规则刻槽，每处产 1 粒，卵期 10 ～ 15d。卵孵化后先在韧皮部蛀成“△”状孔道，以便排出粪便、木屑，被害处树皮外张纵裂，变黑流出褐色树液，幼虫逐渐深入为害木质部，直达髓心。危害期1.5～2年。

【防治方法】成虫、幼虫：①利用成虫不喜飞翔、行动慢、受惊后发出声音等特点，可在5～6月成虫发生期组织人工捕杀。②利用成虫假死性对其人工振落后捕杀，同时也可在晚上利用其趋光性用黑光灯诱杀成虫。③在秋冬季砍伐受害严重的树木，并及时处理树干内的越冬幼虫和成虫，消灭虫源。④利用天牛等蛀干害虫喜欢在新伐树木上产卵的特性，在5～6月繁殖期于核桃园内适当地点设置些木段（如桑、杨、柳等），供害虫大量产卵，待新一代幼虫全部孵化后，对木段剥皮捕杀。⑤秋冬季节或在5～6月成虫产卵前，用石灰5kg、食盐0.25kg、敌杀死0.5kg、水20kg充分搅拌混匀后涂刷树干基部，能防止成虫产卵。⑥幼虫危害期时，用刻刀凿开虫孔并清除内部垃圾，将半片磷化铝片放入虫孔内，用湿泥巴封堵虫孔。⑦保护益鸟和寄生性天敌，可在果园内悬挂啄木鸟鸟巢招引，同时保护和释放管氏肿腿蜂。

卵：在成虫产卵期或产卵后，检查树干基部寻找卵槽，用刀挖开被害处，也可用锤敲击，杀灭虫卵。

5 双条杉天牛

【分类地位】双条杉天牛Semanotus bifasciatus（Motschulsky）鞘翅目天牛科土天牛属。

【寄主】主要危害侧柏、桧柏、龙柏、翠柏、爬地柏、圆柏等柏科植物；在安阳地区危害侧柏。

【分布与危害】国内分布于北京、辽宁、内蒙古、甘肃、宁夏、河北、河南、山东、山西、陕西、江苏、上海、湖北、四川、安徽、江西、福建、广东、广西、台湾等地。在安阳地区主要分布在林州。

幼虫钻蛀寄主韧皮部，虫道上下迂回，先在木质部表面形成弯曲不规则的扁平虫道，然后蛀入木质部进行危害，横断树干斜伸，不深入心材，幼虫前蛀后填，边蛀食边把木屑和粪便填充在孔口处，树干表面无排粪孔。危害严重时，木质部表面全为虫道所布满，造成全株枯死，树冠呈红褐色，被害树皮易剥落，有时树皮被皮下的蛀屑和粪便胀裂。

【形态特征】

成虫　黑褐色或棕色，体长约 12mm，略扁，圆筒形；头部生有细密的点刻。雌虫的触角为体长的 1/2，雄虫的触角略短于体长。鞘翅上有 2 条棕黄色或驼色横带，末端圆形，前带宽约为体长的 1/3，背板上有 5 个排列成梅花形的光滑小瘤突，后 3 个为尖叶形，前 2 个为圆形；前胸两侧具有淡黄色长毛，弧形。腹部末端微露于鞘翅外。

卵　白色，长椭圆形，长 1.6mm 左右。

幼虫　初龄幼虫淡红色，之后变为乳白色，老熟时体长 12 ～ 22mm，前胸宽 4mm，圆筒形，略扁。前胸背板上有 1 个“小”字形凹陷及 4 块黄褐色斑纹。

蛹　长 15 ～ 20mm，淡黄色。触角自胸背迂回到腹面，末端达中足腿节中部。

双条杉天牛危害状（王相宏　摄）

双条杉天牛成虫（王相宏　摄）

【生物学特性】在安阳地区 1 年完成 1 代。以成虫在寄主枝、干内越冬。3 月上旬出蛰（柳芽吐出新芽 5 ～ 10mm），于弱树裂缝皮下产卵，幼虫于 4 月中下旬开始孵化，蛀入树皮后在皮与木之间串食危害，5 月中旬危害严重。6 月中旬幼虫开始蛀入木质部深 2 ～ 3cm 处危害，8 月下旬在木质蛀道中化蛹，9 月上旬开始羽化为成虫，进入越冬阶段。

【防治方法】成虫、幼虫：①越冬成虫外出活动交尾时期，在林内捕捉成虫。②在初孵幼虫为害处，用小刀刮破树皮，捕杀幼虫。也可用木锤敲击流脂处，击死初孵幼虫。③初孵幼虫期，可用 50% 甲基氧化乐果乳剂、25% 杀虫脒水剂的 100 倍液；8% 敌敌畏 1 倍与柴油或煤油 9 倍混合，喷湿 3m 以下树干或重点喷流脂处。④可在树干或枝上发现的虫洞处用 1 ～ 5 倍辛硫磷或毒签进行毒杀，洞内注药后应及时用泥抹洞，使药物充分在树体内流动。⑤保护利用天敌。将管氏肿腿蜂直接放在树干上，肿腿蜂就会自动寻找天牛幼虫并将其消灭。此外，还有柄腹茧蜂、红头茧蜂、白腹茧蜂等多种天敌，应加以保护和利用。

卵：① 3 月初至 4 月底，利用直径 5cm 以上、长 1.5m 的新鲜柏木，去掉枝叶，每 10 根一堆，放在有虫林间，引诱成虫产卵并杀死，也可在受害植株上利用利器等物抹杀虫卵。②使用绿色威雷、氯氰菊酯胶囊。

6 桃红颈天牛

【分类地位】桃红颈天牛 Aromia bungii（Fald）属鞘翅目天牛科颈天牛属。

【寄主】可危害苹果、桃、核桃、杏、樱花、李、樱桃等多种果树；安阳地区主要寄主为桃、杏树、樱桃。

【分布与危害】国内分布于北京、河北、河南、江苏、福建、辽宁、内蒙古、甘肃、陕西、四川、广东、广西、云南等地；在安阳地区均有分布。

幼虫在树木枝干、皮层和木质部蛀食，隔一段距离向外蛀一排粪孔，向蛀孔外排出大量红褐色虫粪及碎屑，堆于树干基部地面，常造成皮层脱落、树干中空，影响水分和养分的输送，严重影响树势，导致全株死亡，甚至毁园。

【形态特征】

成虫 体长 28 ～ 37mm，宽约 9mm，体具黑色，带有光泽，最主要的特点是颈部棕红色，前胸两侧各有一刺突，背面有瘤状突起，鞘翅表面光滑。雄虫触角约是体长的 1.5 倍，而雌虫触角比体稍长。

卵 长椭圆形，乳白色，长约 6.5mm。

幼虫 老熟幼虫体长约45mm，白色或黄白色，前胸背板横长方形，前缘黄褐色，中间颜色较浅。

蛹 裸蛹，长25～35mm，初始淡黄白色，后渐变为黄褐色，羽化前黑色，前胸两侧和前缘中央各有1个突起。

桃红颈天牛危害状（董玖莉 摄）

桃红颈天牛成虫（张玉忠 摄）

【生物学特性】在安阳地区桃红颈天牛一般2年发生1代，以幼虫在树干内越冬。3月下旬越冬幼虫陆续恢复活动，5～6月为越冬幼虫危害高峰，5月上旬至6月上旬老熟幼虫用分泌物黏结粪便、木屑等在蛀道内结茧化蛹，6月下旬至7月中旬成虫羽化，先在蛹室停留3～5d，然后从羽化孔钻出，出洞后即可交配，短时间内即产卵，6～7月为产卵盛期。幼虫孵化后，蛀入韧皮部与木质部间危害，开始越冬。翌年春继续向下蛀食皮层，7～8月当幼虫长约30mm后，头向下，往木质部蛀食，在树干内开始越冬。

【防治方法】成虫、幼虫：①树干涂白，用石硫合剂涂刷枝干。②在6～7月成虫发生、产卵及幼虫孵化期，可喷洒绿色威雷200倍液，或10%吡虫啉2000倍液，或15%吡虫啉微囊悬浮剂3000～4000倍液。③氧化铝熏杀。在新鲜排粪孔处，用细铁丝或镊子掏尽粪渣，并用小刀撬开排粪孔周围皮层，塞入56%磷化铝片剂1/4～1/3片后，立即用泥封严排粪孔。当树干上蛀孔多时，用塑料薄膜包扎树干，熏杀树干内幼虫。④排粪孔注药。用注射器向虫道内注入80%敌敌畏乳油1～5倍液，而后用泥封严虫孔口。⑤用糖醋液诱杀成虫。

卵：①在成虫产卵期，检查树体，发现树皮裂缝处的产卵痕迹时，用刀等利器刮除虫卵。②可用锤敲击产卵点，杀死卵。

7 臭椿沟眶象

【分类地位】臭椿沟眶象 Eucryp torrhynchus brandti(Harold) 属鞘翅目象甲科。

【寄主】臭椿。

【分布与危害】北京、东北、河北、山西、河南、江苏、四川等地均有分布；在安阳地区均有分布。

初孵幼虫先危害皮层，导致被害处薄薄的树皮下面形成一小块凹陷，稍大后钻入木质部内危害。幼虫主要蛀食根部和根际处，造成树木衰弱以致死亡。

【形态特征】

成虫 体长 11.5mm 左右，宽 4.6mm 左右。体黑色，额部窄，中间无凹窝；头部布有小刻点；前胸背板和鞘翅上密布粗大刻点；前胸前窄后宽。前胸背板、鞘翅肩部及端部布有白色鳞片形成的大斑，稀疏掺杂红黄色鳞片。

卵 长圆形，黄白色。

幼虫 长 10 ～ 15 mm，头部黄褐色，胸、腹部乳白色，每节背面两侧多皱纹。

蛹 长 10 ～ 12 mm，黄白色。

臭椿沟眶象（李秋生 摄）

【生物学特性】在安阳地区1年发生1代，以幼虫在树干内，或以成虫在土中越冬。4月下旬开始活动。成虫羽化孔圆形，假死性强，寿命达7个月。5月上中旬为第一次成虫盛发期，7月底至8月中旬为第二次盛发期。卵单产于树皮内，卵期8～10d。初孵幼虫先取食皮层，随着虫体增大而蛀入木质部危害，造成树体流胶。

【防治方法】

成虫期（5～8月）：①利用成虫多在树干上活动、不喜飞和有假死性的习性，人工捕捉成虫。②成虫发生期喷洒药效期长的绿色威雷等无公害药剂。③成虫盛发期，在距树干基部30cm处缠绕塑料布，并涂黄油，阻止成虫上树。

幼虫期（4月、6月、7月、9月）：幼虫孵化初期，利用幼龄虫咬食皮层的特性，在被害处涂煤油、溴氰菊酯混合液（煤油和2.5%溴氰菊酯各1份），或用50%辛硫磷800～1000倍液灌根进行防治。

8 柏肤小蠹

【分类地位】柏肤小蠹 *Phloeosinus aubei* Perris 属鞘翅目小蠹科。

【寄主】主要有侧柏、圆柏、桧柏、龙柏、杉树、油松、榆叶梅、红叶李等，在安阳地区以侧柏为寄主。

【分布与危害】分布于北京、辽宁、河北、江苏、山东、河南、四川、云南、陕西、青海、新疆等地。在安阳地区主要分布于林州市。

以成虫补充营养危害枝梢，幼虫蛀干危害林木干、枝，影响树形、树势，造成枯枝和树木死亡。

【形态特征】

成虫 体长2.1～3mm，宽约1.3mm。长圆形略扁，赤褐色或黑褐色，无光泽。头部小，藏于前胸下，触角赤褐色，球棒部呈椭圆形，复眼凹陷较浅，前胸背板阔大于长，体密被刻点及灰细毛。鞘翅有9条纵纹，鞘翅斜面具凹面，雄虫鞘翅斜面有齿状突起。

卵 圆球形，白色。

幼虫 初孵乳白色。老熟幼虫体长2.5～3.5mm，乳白色，头淡褐色，体弯曲。坑道是单纵道，长 15 ～ 45mm。

蛹 长约 2.5mm。初期乳白色，将羽化时灰黑色。

柏肤小蠹危害状（王相宏 摄）

【生物学特性】在安阳 1 年发生 1 代，以成虫在柏树枝梢内越冬。翌年 3 月下旬至 4 月中旬陆续出蛰，4 月中旬出现初孵幼虫，幼虫发育期 45 ～ 50d。5 月中、下旬，老熟幼虫在坑道末端与幼虫坑道呈垂直方向咬筑 1 个深约 4mm 的圆筒形蛹室在其中化蛹，蛹期 10d，蛹室外口用半透明膜状物封住。成虫于 6 月上旬开始出现，成虫羽化期一直延续到 7 月中旬，6 月中、下旬为羽化盛期。成虫危害至 10 月中旬后进入越冬状态。

【防治方法】

越冬成虫和卵、幼虫（3 ～ 5 月）：①人工饲养土耳其扁谷盗，于柏肤小蠹卵期释放在树枝、树干上，去捕食卵、幼虫、蛹。②人工设置诱饵木，在受害木附近堆放直径在 2cm 以上的新鲜柏枝、柏木，引诱成虫侵入产卵后进行处理。③在树干基部至中部，包塑料布，内投 3 ～ 5 片磷化铝片密闭熏蒸，或虫孔注射氧化乐果原液等，或树干涂白，同时用磷化铝堵孔。

成虫（6 ～ 10 月）：①成虫扬飞期，喷 8% 氯氰菊酯微胶囊剂 200 ～ 400 倍液，或 2.5% 溴氰菊酯、20% 杀灭菊酯 1500 倍液，防治成虫。②人工设置诱饵木同上。③加强中耕松土，施肥、浇水，提高树势。

越冬成虫（11 月至翌年 2 月）：及时清除枯死的枝干和新侵害木、枯萎木，并立即运出林外集中焚烧。

9 白杨透翅蛾

【分类地位】白杨透翅蛾 Parathrenetabaniformis（Rottenberg）属鳞翅目透翅蛾科。

【寄主】主要为害毛白杨、银白杨、加拿大杨、北京杨、小叶杨等杨树；安阳地区各种杨树均有发生。

【分布与危害】河南、东北、西北、河北、内蒙古、山西、江苏、浙江等地均有发生；在安阳地区均有分布。

以幼虫为害嫩梢及枝干，由顶芽侵入时，被害处枯萎下垂，抑制了顶芽生长，徒生侧枝，形成秃梢；为害树干时，在被害部位形成瘤状虫瘿，蛀入髓部，可引起苗木风折。

【形态特征】

成虫 体青黑色，长 11 ～ 21mm，翅展长 23 ～ 39mm。头半球形，头顶有一条黄褐色毛簇，密布黄色鳞片。前翅纵窄，有黄色鳞片，后翅透明扇形，灰褐色缘毛。腹部筒形，尾部略细。触角棍棒状，端部弯曲，雌蛾触角栉齿不显著，雄蛾触角具青黑色栉齿两列。

卵 椭圆形，长径 0.62 ～ 0.95 mm，黑褐色或黑色，有灰白色不规则多角形刻纹。

幼虫 筒形，体长约 30mm，初龄浅红色，老熟后黄色，臀节背面有 2 个深褐色略向上前方翘起的刺。腹足有 12 ～ 21 根趾钩，呈二横带；臀足有 8 根趾钩，双序横带。

蛹 近纺锤形，褐色，长 12 ～ 23mm，蛹体表面着生稀疏的刚毛，腹部末端有 14 个大小不等的臀棘。

白杨透翅蛾危害状（牛金明 摄）

【生物学特性】在安阳地区一年发生1代，以幼虫在树干和坑道末端越冬。3月中旬越冬幼虫开始活动，4月下旬开始化蛹，5月上旬开始羽化，羽化盛期在6月上旬，羽化后交配产卵，初孵幼虫于6月上旬由幼嫩部位侵入危害。幼虫侵入茎干内蛀食，一直危害到10月中旬进入越冬。

【防治方法】成虫（6～7月）：①喷2次40%氧化乐果800倍液或30～50倍液50%杀螟松乳油，可直接杀死雄成虫。②成虫期可悬挂诱捕器。100～200m悬挂一处，将雄虫集中杀死。

幼虫：①结合修剪和出圃，将虫瘿彻底剪掉烧毁，消灭幼虫。

②保护和利用天敌。悬挂人工鸟巢招引啄木鸟，可以有效抑制种群。

③幼虫为害期（6～8月）可往排粪孔注射薰灭净；向虫孔注射40%氧化乐果或50%杀螟松乳油30～50倍液后，用黄泥封孔。

10 芳香木蠹蛾东方亚种

【分类地位】芳香木蠹蛾东方亚种 *Cossus cossus orientalis* (Gaede) 属鳞翅目木蠹蛾科木蠹蛾属。

【寄主】杨、柳、榆、核桃、苹果、梨、桦、栎、榛等果树和林木；安阳地区主要寄主为核桃。

【分布与危害】东北、华北、西北等地均有分布；在安阳主要分布于林州市。

以幼虫群集危害核桃树干及根部皮层，使干基呈环状剥皮，木质部外露腐朽，严重破坏树干基部及根系的输导组织，致树势逐年减弱，甚至整枝枯死。

【形态特征】

成虫 全体黑色，腹背略暗。体长24～40mm，翅展约68mm。复眼黑褐色。头部和前胸浅黄色，中后胸、翅、腹部灰褐色，前翅灰白色，前缘灰褐色，密布龟裂状黑色横纹，由后缘角至前缘有1条粗大明显的波纹。雌蛾大于雄蛾。雌虫产卵器突出，雄虫生殖器沟形突为长三角形。

卵 椭圆形，长约 1.5mm，宽约 1.0mm。初产时乳白色，孵化时暗褐色，表面布满纵隆脊，脊间具刻纹。

幼虫 扁筒形，体粗壮，初孵幼虫粉红色，体长约 3.5mm，老龄幼虫体长 60 ～ 90mm，头黑色，胸部背面紫红色，前胸背板生有大型紫褐色斑纹 1 对，腹面成桃红色。有胸足和腹足，腹足有趾钩，体表刚毛稀疏粗壮。

蛹 体向腹面略弯曲，长约 60mm，宽约 20mm。赤褐色至黑棕色，腹部背面有 2 行刺列，其后各节仅有前刺列。

【生物学特性】在安阳地区两年发生 1 代。以老熟幼虫在被害树木的蛀道内和树干基部附近的土内越冬。越冬幼虫于 4 ～ 5 月化蛹，5 ～ 7 月羽化出成虫，6 ～ 7 月为盛发期。羽化后次日开始交配、产卵，15d 左右后卵开始孵化为幼虫。10 月即在蛀道内越冬。翌年继续为害，到 9 月下旬至 10 月上旬，幼虫老熟，爬出虫道，在根际处或离树干几米外向阳干燥处约 10cm 深的土壤中结伪茧越冬。

【防治方法】成虫（5 ～ 7 月）：①利用趋性、灯光和性信息素诱杀成虫。②成虫发生期，喷 50％辛硫磷乳油 1500 倍液。

幼虫（8 月至翌年 4 月）：①及时发现和清理被害枝干，消灭虫源。②幼虫蛀入木质部危害时，先刨开根茎部土壤，清除孔内虫粪，然后用注射器向虫孔内注射 80％敌敌畏乳剂 50 ～ 80 倍液。③用药熏杀。用蘸敌敌畏的毒棉球堵塞虫孔，或用 56％磷化铝片剂，每孔放 1/5 片，施药后用湿泥封严，以熏杀木质部中的幼虫。

卵（6 ～ 8 月）：①树干涂白，防止成虫在树干上产卵。②成虫产卵期，在树干距离地面 1.5m 以下喷药毒杀卵。

第四节 果实害虫

1 桃蛀果蛾

【分类地位】桃蛀果蛾 Carposina niponensis (Walsingham) 鳞翅目蛀果蛾科小食心虫属。

【寄主】桃蛀果蛾又称桃小食心虫，危害苹果、桃、李、杏、枣、山楂、海棠等果树；安阳地区主要寄主为苹果、桃、李、杏、枣、山楂。

【分布与危害】在东北、华北和西北等地均有分布；在安阳地区均有分布。

幼虫从果实肩部蛀入果心，先在果皮下潜食，不久蛀至果核，在果核周围串食，蛀果孔常出现流胶，有粪便排出，最终导致果实脱落。

【形态特征】

成虫　体灰褐色，雌虫体长约 7mm，翅展约 17mm，雄虫略小。复眼红褐色，触角丝状，前翅前缘中部有一蓝黑色三角形大斑，翅基和中部有 7 簇黄褐色或蓝褐色斜立鳞毛，缘毛灰褐色。

卵　呈椭圆形，长约 0.7mm，宽约 0.3mm，起初为乳白色，后期变为红褐色，表面有不规则的网纹。

幼虫　幼龄幼虫体为淡黄白色，无臀栉，前胸背板红褐色，体肥胖；老熟幼虫体长 25mm 左右，有时呈淡褐色，腹面呈淡绿色，腹部各节有黑褐色毛片，其上生有刚毛。

蛹　长约 13mm，初黄白后变黄褐色，羽化前为灰黑色，翅、足和触角部游离。

桃蛀果蛾危害状及幼虫（董玖莉 摄）

【生物学特性】在安阳地区 1 年发生 1 ～ 2 代。以老熟幼虫在土中结茧越冬。越冬幼虫从 5 月中旬到 6 月上旬陆续出土，6 月中旬进入出土盛期，6 月下旬至 7 月中旬为出土末期，6 月下旬到 7 月上旬成虫交尾产卵，7 月下旬至 8 月上旬是第 1 代幼虫危害盛期。第 1 代成虫于 8 月上旬开始羽化，8 月中下旬达到羽化盛期。第 2 代幼虫在 8 月下旬或者 9 月上旬出现。9 月中下旬第 2 代老熟幼虫随脱果落地钻入土中做冬茧开始越冬。

【防治方法】成虫：①根据成虫有趋光性和趋化性的特点，在果园内设置杀光灯和性诱捕器监测成虫发生期，同时捕杀成虫。②第 1 代成虫盛发期（7 月中下旬）和第 2 代成虫盛发期（8 月中下旬）连续喷药 20% 杀灭菊酯 2000 ～ 3000 倍液，或 20% 甲氰菊酯 2000 倍液，或灭幼脲III号 1500 倍液，或 20% 氰戊菊酯 4000 倍液等杀虫剂，即可杀死成虫。③保护利用天敌，生物防治。中国齿腿姬蜂和甲腹茧峰等是桃蛀果蛾的寄生性天敌，白僵菌等是其寄生菌。从澳大利亚引进的新线虫和我国山东发现的泰山 1 号线虫，对桃蛀果蛾的寄生能力都很强。

幼虫：①利用幼虫在树下集中越冬的习性，5 月底前在树干周围半径 50cm 范围内培高约 20cm 的土堆，并拍打结实，阻止越冬幼虫出土。②清除园内的枯枝落叶、杂草、僵果以及果园内的虫果、落果，并集中处理，以减少虫源。③当发现第一头雄蛾时，即为越冬桃小食心虫幼虫出土盛期，可于树干周围 50cm 半径范围内，按照每株撒施 5% 西维因粉剂 25g。

2 桃蛀螟

【分类地位】桃蛀螟 Dichocrocis punctiferalis Guenee 鳞翅目螟蛾科。

【寄主】桃、梨、李、杏、苹果、葡萄、山楂、柿、樱桃、枣、核桃、石榴、枇杷、银杏及向日葵、玉米、高粱、大豆等农林植物；安阳地区主要寄主为苹果、桃、李、杏、枣、山楂。

【分布与危害】全国均有分布；在安阳均有分布。

以幼虫蛀食桃、苹果、梨等果实，被害果多变色脱落或果肉内充满虫粪而不能食用，对产量与品质的影响很大。

【形态特征】

成虫 体长9～12mm，翅展20～26mm，黄至橙黄色。前翅散生不规则状黑斑25～28个，胸背有7个；腹部第1节和第3～6节各有3个横列，第7节有时只有1个，第2、8节无黑点；后翅有15～16个黑斑。雄虫第9节末端黑色，雌虫不明显。

卵 椭圆形，橘红色，长0.6～0.7mm，初乳白色，渐变樱桃红色。

幼虫 体色多变，老熟时灰褐色或暗红褐色，前胸背板褐色，腹背面各节有毛片4个，长22～25mm。

蛹 褐色至深褐色，体长13～15mm，臀棘有6根卷曲的小钩。

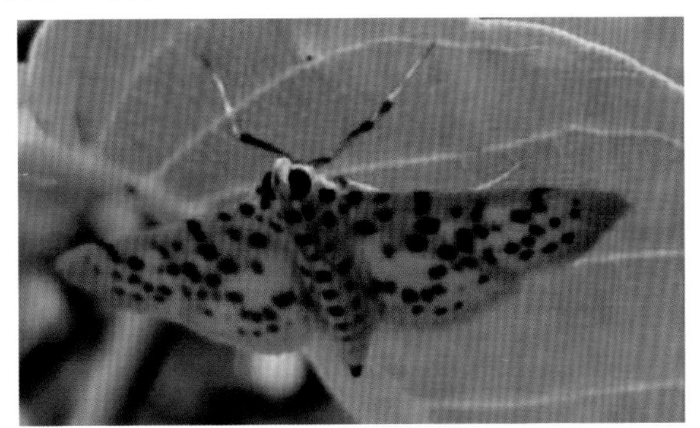

桃蛀螟成虫（董玖莉 摄）

【生物学特性】在安阳地区1年发生4代，世代重叠，以老熟幼虫结茧越冬。越冬场所比较复杂，多在果树翘皮裂缝中、果园的土石块缝内、梯田边等场所越冬，也可在玉米茎秆、高粱秸秆、向日葵花盘等处越冬。翌年4月开始化蛹、羽化，5月中下旬是越冬代成虫高峰期。安阳第1代幼虫发生在5月下旬至6月下旬，第2代幼虫发生盛期是7月中旬，第3代幼虫发生在8月中下旬，第4代幼虫发生在9月中旬至10月上旬。10月中下旬老熟幼虫开始转移越冬场所越冬。卵期6～8d，幼虫期15～20d，蛹7～10d，完成一代约30d。

成虫昼伏夜出，对黑光灯和糖醋液趋性强，取食花蜜补充营养。卵散产，多产于枝叶茂密处的果实上或两个果实相互紧贴处。一个果内有数条幼虫，幼虫还有转果危害性。幼虫孵化后多从果肩或果与果、果与叶相接处蛀入果肉，蛀孔外常流胶并排有大量褐色虫粪。老熟幼虫在被害果梗洼处。树皮缝隙内结茧化蛹。

【防治方法】成虫、卵、幼虫（4～9月）：①越冬代成虫羽化前，果实套袋预防蛀果。②幼虫发生期摘除虫果和捡拾落果，消灭果内幼虫。③喷洒苏云金杆菌30亿～45亿IU/hm^2、3%高效氯氰菊酯2000～3000倍液等。④利用趋化性，进行糖醋液诱杀成虫。⑤利用趋光性，进行灯光诱杀成虫。⑥散种向日葵等寄主植物，引诱成虫产卵，集中防治或销毁。

越冬幼虫（10月至翌年3月）：①秋季采果前，于树干绑草诱集越冬幼虫，早春集中烧毁。②冬春刮除树干老翘皮，清除果园内的地被物。

3 白星花金龟

【分类地位】白星花金龟 Potosia（Liocola）brevitarsis Lewis 鞘翅目花金龟科。

【寄主】苹果、梨、葡萄、桃、李、榆树等多种林木，月季、玫瑰丁香、翠菊、金盏菊、松果菊等多种花卉，玉米、大麻等农作物；在安阳地区主要寄主为苹果、杏、榆树。

【分布与危害】全国大部分地区均有分布；在安阳均有分布。

幼虫为腐食性，不危害植物。在安阳以成虫取食植物花器、成熟果实或浆汁，当浆汁流到周围未咬的健果上时，会大大降低果品的商品性，造成林农经济损失。

【形态特征】

成虫 体长17～24mm，宽9～12mm，椭圆形具古铜色或青铜色，有光泽，体表散生很多不规则白绒斑10多个，前胸背板后角与鞘翅前缘角之间生1个三角片很明显；鞘翅宽大近长方形，遍布粗大刻点，白绒斑多为横向波浪形。

卵 乳白色，圆形或椭圆形，长1.7～2mm。

幼虫 共3龄，体长24～39mm，头褐色，体乳白色，多皱纹肥胖，弯曲呈“C”形，胴部乳白色，腹末节膨大，肛腹片上的刺毛呈倒“U”字形两纵列排列，每行刺毛 19 ～ 22 根。

蛹 裸蛹，卵圆形，体长 20 ～ 23mm，初白色，后渐变成浅褐色，蛹外包有土室。

【生物学特性】在安阳地区 1 年发生 1 代，以 3 龄幼虫在土内越冬，翌年 5 月上旬老熟幼虫化蛹，蛹期 20 ～ 27d，5 月下旬羽化为成虫。5 ～ 9 月成虫发生，7 月是成虫危害盛期。成虫寿命 38 ～ 88d。成虫昼伏夜出，日落后开始出土，整夜取食寄主，黎明时飞离树冠潜伏。成虫具假死性、趋化性（对糖醋有趋性）、强的趋光性、群集危害习性。7 月开始把卵产在 5 ～ 6cm 深的土中，每雌产卵 20 ～ 40 粒，多散产，卵期 7 ～ 11d，幼虫期 10 个月左右，10 月钻入深土中越冬。

由于口器的限制，幼虫不食生长的植物的根，专食腐殖质。如土壤含水量过高，幼虫常逸出土表，在地面以背贴地、腹面朝上蠕动而行。成虫喜食成熟的果实，常数头或 10 余头群集果实、树干烂皮、伤流处吸食汁液。果实如不及时采摘，易被钻入取食，造成果品腐毁。成虫不取食叶片。

【防治方法】成虫（5 ～ 9 月）：①利用趋化性，用糖醋液诱杀。果园内及周围树上挂细口瓶（高度 1m 左右），瓶内放入少许果肉或酒醋，再放 2 ～ 3 个白星花金龟，可有效引诱其他成虫入瓶，入后出不来，收集后杀死。②利用趋光性，进行灯光诱杀。③利用假死习性，在成虫发生盛期、清晨温度较低时震落捕杀。④ 5 月底前将粪堆加以翻倒，捡拾其中幼虫及蛹杀灭。⑤成虫盛发前喷洒 40% 甲基毒死蜱 800 倍液等。

幼虫（10 月至翌年 4 月）：结合冬耕等措施，杀灭幼虫。